拿手菜

孙晓鹏（YOYO）◎著

吉林科学技术出版社

为爱下厨房

　　小时候，家常饭菜的味道就是妈妈的味道。还记得那时候，每到吃饭的时间，总是积极地坐在餐桌边，捧着属于自己的小小碗筷，期待着妈妈从厨房里端出来一道道散发着诱人香味的菜肴。酸甜苦辣咸，构成了童年对家和妈妈的记忆。

　　后来离家求学、工作，吃过数不清的食堂和饭店。无论是低廉的路边摊、大排档，或是快捷的盒饭、便当，还是珍馐满席的酒店、饭馆，同样的酸甜苦辣，却唯独缺少了家的味道、缺少了妈妈的味道。其实，很多大厨的手艺出神入化，做出来的菜肴色、香、味、意、形无一不美，但在我的心里，都敌不过妈妈腰系围裙从厨房里端出来的一碗白米饭。因为妈妈做的饭菜里，有对我们的爱。

　　再后来，找到了我爱的那个人，组成了自己的家庭。为了让家人吃得安心、吃得健康，我决定自己下厨房。可是从小在妈妈的呵护下长大，论吃我是天下无敌，说做我却无能为力。有时候我会想，如果能像游戏中学习技能那样学会做饭，那该多好啊！怎奈愿望是美好的、现实是残酷的，我只能学着妈妈的样子系上围裙，试图在厨房中打拼出一片自己的江湖！

　　所幸动起手来之后，我发现做菜其实也不是特别困难，掌握了要领之后，下厨房甚至是一件很有乐趣的事情。当然，如果不算上洗菜、刷锅、刷碗……就更好啦！摆弄着厨房里的锅锅铲铲、瓶瓶罐罐，我仿佛成了指挥家，把五味调料和五色食物调和在一起，慢慢的，我学会了烹制出妈妈的味道。从一个吃货变成一个厨娘，这种变化不可思议，但也顺理成章。

　　几年过去了，我已非当年吴下阿蒙，煎炒烹炸再也难不倒我。看着家人喜欢我做的饭菜，心里满是喜悦，做饭也渐渐变成了兴趣。每次尝试新的菜肴，都是一次小小的挑战；每次听到亲友的称赞，都是一次小小的成功。女人果然是虚荣的，让这种虚荣来得更猛烈一些吧！

　　作为过来人，我知道新手下厨房的难处，也体验过面对食材和菜刀无从着手的窘境。我想对那些即将走入厨房的新主妇、立志自己做美食的新厨娘们说，其实做饭一点儿也不难，理顺每一个步骤，随心所欲一些，美味往往就在不经意中出现了。我把做菜的步骤分为准备工作和制作方法：准备工作是对食材的处理，切条切丁不必太在意；制作方法是对味道的烹调，甜点儿咸点儿无伤大雅。菜谱不是圣旨，食材的选用也不是一成不变的，完全可以根据自己冰箱里的储备来调整和选择。而且，这也是发挥个人创意的过程，没准儿哪位高手就能用豆腐做出熘肉段来呢！

　　自己成家之后，过着日复一日的生活，这才体会出小时候妈妈为全家人准备饭菜的不容易。别的不说，单单"下顿饭吃什么"这个小问题就不知道杀死了我多少脑细胞。所以，我就想：有没有一本专门为新主妇、新厨娘准备的菜谱？里面的菜肴不需要那么高端大气上档次，但是却可以为每餐的准备提供一些借鉴。感谢朋友们的帮助，才有了这样一套书。感谢松下电器提供的各类厨房小家电，帮助热爱生活的人实现美食心愿。希望这套书也能够为您和生活带来一段回味无穷的邂逅，让刚刚走进厨房的您从此热爱烹饪，把爱通过美食传递给那些我们深爱着的人！

目录 CONTENTS

没有油烟！
上班族的超简单拿手菜

为了自己！
好做、好看又好吃的健康套餐

CONTENTS 目录

一人一碗！
营养和美味快点到碗里来

勿忘传统！
民族的美食也是世界的

简易烘培！
新手也能做到零失败

目录 CONTENTS

爱上甜品！
融化在香香甜甜的海洋里

附　录：厨房收纳与清洁小窍门

没有油烟！
上班族的超简单拿手菜

　　辛苦工作了一天，回家当然要用美食供奉一下自己的五脏庙。想要快快吃到令人垂涎欲滴的饭菜，可是一想到繁琐的厨事，整个人就泄气了。其实用微波炉、电饭煲这些家家都有的厨房电器，配合楼下超市就有卖的家常食材，再加上一点点创意，不用很辛苦就能做出一顿让老饕都赞不绝口的美味来！而且这样做还大大减少了油烟，让厨房清洁也变得简单很多。

微波豉香排骨

🍲 原料

排骨600克

🥢 调料

白糖1/2大匙	米酒1大匙	植物油1大匙
生抽1小匙	豆豉1大匙	
老抽1/2大匙	蒜末2大匙	

制作步骤

美味分享
蜜汁烤大排

1 排骨加入白糖、生抽、老抽、米酒拌匀，腌制10分钟，让排骨入味；再准备一下豆豉、蒜末、植物油备用。

2 准备一个大点儿的玻璃盘子，把豆豉、蒜末、植物油放入盘中铺平，盖上保鲜膜，放入微波炉，高温加热3分钟爆香。

3 把排骨和腌料倒入爆香的豆豉蒜末盘中摊平，盖上保鲜膜后放进微波炉，高温加热3分钟。

4 取出排骨，用筷子均匀地翻动一下，再放入微波炉中，继续高温加热3分钟即可。

贴心叮咛

♥ 最好选用肉质细嫩的小排来做这道微波豉香排骨。小排的肉多骨小，便于快速熟透。

♥ 排骨可以提前腌制一下，时间越长越入味，做出的排骨口感越好。

♥ 加热排骨的时候一定盖保鲜膜，这样做可以避免排骨中的水分大量流失，肉质才不会变干变硬。

地道茄汁沙丁鱼

🍲 原料

沙丁鱼1000克
小酸枣50克

🥄 调料

番茄酱400克　　姜末1大匙　　　白糖1小匙　　老抽1小匙
韩式辣酱150克　蒜末1大匙　　　精盐1小匙　　黄酒1大匙
豆豉1小匙　　　八角1个　　　　清水1/2杯
葱末1大匙　　　小茴香2粒

制作步骤

1 将所有固体材料装入电高压锅内锅内。

2 将全部液体原料淋在锅内拌匀。

3 闭合电高压锅锅盖，选择"高压"档，时间设定为30分钟，烹制至熟即可。

健康无油烤薯片

🥣 原料

新鲜土豆3个
（约500克）

🧂 调料

胡椒粉1/3小匙　　白糖1小匙
孜然粉1/2大匙　　精盐1小匙

制作步骤

1 用锋利的刀尽量把土豆切成薄薄的片。切好的薯片装进沙拉盆，撒上胡椒粉、孜然粉、精盐、白糖拌匀。

2 把薯片铺进垫着不粘布的烤盘里。

3 放入带有烘烤功能的微波炉（或烤箱），200℃烤15分钟左右，直到薯片变脆微黄就可以了。

1大匙=15克　1小匙=5克　**11**

人见人爱鱼香肉丝

🍲 原料

里脊肉200克（切丝）
胡萝卜1根（约200克，切丝）
青椒1个（约100克，切丝）

🥄 调料

葱丝、姜丝、蒜丝各少量
生抽1小匙
胡椒粉1/2小匙
料酒1小匙
水淀粉2大匙

豆瓣酱1大匙
甜面酱1小匙
醋1小匙
白糖1/2小匙
植物油1大匙

制作步骤

美味分享
京酱肉丝

1 里脊肉丝加生抽、胡椒粉、料酒、水淀粉，腌制入味，备用。

2 在微波盒中倒入植物油，加入葱丝、姜丝、蒜丝拌匀。

3 将微波盒放入微波炉中，高温加热1分钟，爆香调料。

4 取出爆香调料的微波盒，加入腌制好的肉丝拌匀，再加入胡萝卜丝、青椒丝，继续加入豆瓣酱、甜面酱、醋、白糖，搅拌均匀。

5 将微波盒放入微波炉中，盖子稍微错开，选择"高温"档，再加热4分钟就可以了。

贴心叮咛

♥ 这道鱼香肉丝做法很简单，味道也不错，特别适合上班族。从准备到完成只需十几分钟，就可以吃上热气腾腾的鱼香肉丝了。

♥ 选择微波炉加热盒子的时候，尽量选择最耐热的聚丙烯(PP)材质，最好可承受140℃以上的温度。

微波炉辣子鸡丁

🍲 原料

鸡腿1只
青椒2个
花生米50克

🥢 调料

豆豉1/2大匙
辣酱1大匙
生抽1/2大匙
黄酒1/2大匙
胡椒粉1/2小匙

白糖1/2小匙
精盐1/2小匙
植物油2大匙
葱末1小匙

姜末1小匙
蒜末1小匙
小红辣椒5只
熟芝麻1/2大匙

制作步骤

1 鸡腿肉切成小块，用生抽、黄酒、胡椒粉拌匀，腌制入味；青椒切丁备用。

2 将植物油倒入玻璃微波加热盒中，放进微波炉高温加热1分钟，加入花生米，再放进微波炉继续高温加热2分钟。花生熟了，捞出备用。

3 在热油里加入豆豉、辣酱、葱末、姜末、蒜末，微波高温加热30秒。

4 取出盒子，加入腌制好的鸡肉块、小红辣椒，微波高温加热3分钟。

5 在鸡肉中加入青椒丁、白糖、精盐，拌匀。

6 微波盒放进微波炉中，高温加热2分钟。

7 取出盒子，拌入炸好的花生米，撒熟芝麻就可以了。

贴心叮咛

❤ 10分钟，就可以用微波炉做出香香辣辣、肉质细嫩的辣子鸡丁。烹饪时没有油烟，是非常容易操作的一道家常菜。

❤ 鸡肉可以提前腌制好，放入冰箱冷藏室保存。这样下班回家后，从冰箱里拿出来直接烹制，更省时、更方便。

经典土豆炖茄子

🧁 原料

茄子400克
土豆400克
猪肉400克

🥄 调料

烤肉酱1份
骨汤2杯（可用清水代替）

制作步骤

美味分享
茄子饭

1 茄子洗净，掰成小块，铺在电高压锅内锅的最底层。

2 土豆去皮、切块，码放在茄子上面。

3 猪肉切片，放在土豆上，均匀地淋上烤肉酱；最后加入骨汤（如果没有骨汤可用水代替）。

4 闭合电高压锅锅盖，选择"中压"档，时间设定为15分钟，自动烹制即可。

贴心叮咛

♥ 用电高压锅烹制的这道菜非常软烂，虽然没放油，但在高压烹饪时，最上面一层猪肉片的油脂已经渗透到下层的茄子和土豆里，入味足、口感棒。常吃这道菜还有和胃调中、健脾益气的功效，可以帮助改善肠胃功能。

红酒烩牛肉

🍲 **原料**

牛肉700克
土豆2～3个（约500克，切块）
番茄4～5个（约500克，切块）
洋葱1～2个（约300克，切块）

🔖 **调料**

黄油1大匙　　　精盐1小匙
红酒1/2杯　　　胡椒粉1小匙
番茄酱2大匙

制作步骤

1 牛肉切成大片，用冰水浸泡一下，排出血水，这样口味会更好。

2 取200克番茄，放入料理机打成泥，备用。

美味分享
牛短肋肉两吃法

3 在电高压锅内锅里放入黄油，再加入土豆块、番茄块、洋葱块、牛肉块。

4 继续倒入打好的番茄果泥，再加入番茄酱、红酒、精盐、胡椒粉拌匀。

5 闭合电高压锅锅盖，选择"肉类"档，高压烹制20分钟即可。

贴心叮咛

♥ 番茄一部分打成果泥加入到牛肉中，会让这道菜的汤汁更浓郁。

♥ 红酒不仅可以去除牛肉的膻腥味，还便于牛肉获得更软嫩、香浓饱满的口感。

清新毛豆

🍚 **原料**

毛豆800克

🥄 **调料**

姜粉1大匙	八角1个
黄酒1大匙	精盐1大匙
茴香1/4小匙	清水2杯

美味分享
清新煮毛豆

制作步骤

1 毛豆清洗干净，装进电高压锅内锅中，再加入姜粉、黄酒、茴香、八角、精盐等调料。

2 加入清水，至所有毛豆都泡在水中。

3 闭合电高压锅锅盖，选择"中压"档，烹制5分钟即可。

百里香乳酪焗时蔬

🍮 原料

百里香几根　　南瓜1/2个（切块）
番茄4个　　　茄子1根（切块）
黄瓜1根　　　土豆1个（切块）

🥄 调料

车打芝士（车打乳酪）60克
胡椒碎适量

制作步骤

1 蔬菜冲洗干净，控干，切成薄片；百里香弄碎放在烤盘底部；番茄、南瓜、茄子、土豆、黄瓜，依次码入烤盘。

2 车打芝士用手弄碎成颗粒状，均匀地撒在烤盘中的蔬菜上。

3 最后撒上些胡椒碎，放进预热220℃的微波炉中，烘烤20分钟即可。如果家中的微波炉没有烘烤功能，可以用电烤箱来做。

陈皮蒸排骨

🍲 原料

猪小排1000克

🥄 调料

豆豉3大匙
陈皮20克
红酒2大匙
清水1/2杯

❤ **制作步骤**

1 豆豉、陈皮切碎，拌入排骨中。

2 在排骨上淋上红酒，腌制一会儿入味。

美味分享
白萝卜排骨汤

3 把入味的排骨装入蒸盘中。

4 电高压锅内锅里加入清水，再放入蒸板，在蒸板上放上装着排骨的蒸盘。

5 闭合电高压锅锅盖，选择"高压"档，时间设定为35分钟，自动烹制至熟即可。

贴心叮咛

❤ 陈皮蒸排骨原汁原味，无水无油非常健康。原料建议用骨小肉多的小排，便于入味。

❤ 如果想马上食用高压烹制好的排骨，可以把内锅从本体内取出，放入冷水中约2分钟，压力下降就可以开盖食用了。

低油健康烧茄子

原料

茄子3～4根（约500克）
辣椒2～3根（约200克，切块）
五花肉200克（切片）

调料

蒜末2大匙
水淀粉3大匙
黄酱1/2杯

老抽1/2大匙
白糖1大匙
胡椒粉1小匙

制作步骤

美味分享
腌小茄子

1 茄子切成条，放入微波专用盘，放进微波炉，高温加热8分钟。

2 热锅入油，爆香蒜末，加入肉片，大火翻炒至变色，再加入辣椒块。

3 继续加入微波处理脱水的茄子，旺火翻炒2分钟。再加入黄酱、白糖、老抽，继续翻炒5分钟。

4 最后淋水淀粉勾芡，出锅前加胡椒粉调味即可。

贴心叮咛

❤ 挑选嫩茄子的方法：看一下茄子萼片与果实相连接的地方，有一圈浅色环带，这条带越宽、越明显，就说明茄子果头仍快速生长，没有老化。如果环带不明显，说明茄子采收时已停止生长，此时的茄子已经变老。

❤ 提前用微波炉处理茄子，既能让茄子快速脱水、保持茄子香滑的口感，又不至于像传统做法那样过油炸，让茄子吸得满满的油脂。

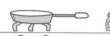

蔬菜咖喱炖猪肉

🍰 原料　　　🥄 调料

猪肉500克　　黄油1大匙　　　姜3片
土豆1个　　　牛奶2杯　　　　精盐1小匙
胡萝卜2根　　咖喱膏2大匙　　清水1杯
洋葱1个　　　蒜3瓣

美味分享
蜜汁梅叉里脊

制作步骤

1 猪肉和各种蔬菜分别切成块，备用。

2 加热锅子，熔化黄油，再中火加入蒜末炒香，加入肉块大火炒到变色；继续加入洋葱翻炒1分钟。

3 加入胡萝卜块，翻炒均匀。

4 把炒好的这部分材料倒入电高压锅内锅，再加入土豆块、咖喱膏、牛奶、清水，以刚刚没过食材为最佳，最后撒少许精盐。

5 闭合电高压锅锅盖，选择"肉类"档，自动烹制至熟即可。

贴心叮咛

♥ 咖喱炖时蔬好吃的要点：

♥ 咖喱料味道要足。

♥ 汤汁要浓郁，加入些黄油、牛奶、奶油、椰浆都可以获得香浓的口感。

♥ 食材熬煮要足够软烂。

土豆烤排骨

🍲 原料

排骨1500克
土豆2～3个（约500克）

🔪 调料

烤肉酱6大匙
胡椒碎适量

制作步骤

1 排骨分割成条状，用烤肉酱涂匀，再撒些胡椒碎腌制入味。

2 可以用手搓揉一下排骨，便于酱汁快速入味。

3 土豆切成大片，垫在排骨下。这样做既能让土豆片吸收油脂，又能增加排骨的风味。

4 放入带有烘烤功能的微波炉，温度设定为250℃，烘烤35分钟即可。

贴心叮咛

♥ 一涂二浸三烘烤，绝对是最简单美味的排骨吃法。不会烹饪没关系，只要记住这简单的三步，一样可以做出非常完美的烤排骨。

♥ 这方法若换成户外野餐也一样有效。腌制好排骨，在野外用炭火烤制出来，会变成另一种风味的美食。

♥ 在超市的调料区都可买到用于腌制排骨的烤肉酱，通常是独立的小包装，一袋正好可做一大盘排骨。

海带红烧肉

原料

猪肉800克
海带600克

调料

腌肉酱4大匙
黄酒2大匙

　1大匙=15克

制作步骤

1 猪肉切成大块，用腌肉酱腌制一下；海带清洗好，切块备用。

2 把腌制入味的猪肉放入电高压锅内锅中。

美味分享
拌海带丝

3 在肉块上面铺满海带，淋入2大匙黄酒。

4 闭合电高压锅锅盖，选择"肉类"档，自动烹制20分钟即可。

贴心叮咛

♥ 电高压锅烹制的红烧肉烧海带口感淳厚香滑，猪肉酥烂、海带味足，香而不腻，是非常容易的家常快手菜。

♥ 制作红烧肉的猪肉最好选用五花肉，肥的香、瘦的有嚼劲，这样做出来的红烧肉才能肥而不腻、入口酥软即化。

清蒸多宝鱼

原料

新鲜多宝鱼1条

调料

姜丝1/2大匙
海鲜酱油3大匙
清水4杯

制作步骤

1 多宝鱼洗干净，鱼身斜切几刀，便于调料入味。

2 多宝鱼装入蒸盘，均匀地淋上海鲜酱油，撒上姜丝。

美味分享
清蒸多宝鱼

3 电高压锅内锅中注入清水，放入蒸板，再把多宝鱼连同盘子一起放进去。

4 闭合电高压锅锅盖，选择"中压"档，时间设定为5分钟，自动烹制至熟即可。

贴心叮咛

对于新鲜的多宝鱼，清蒸是最健康美味的一种吃法。用电高压锅烹制，营养不流失，操作简便、时间短、易成功。

蒸熟的鱼盘中会有很多汤汁，倒掉一部分，保留适量就可以了。

挑选多宝鱼的窍门是看鱼眼、鱼鳃和鱼肉。饱满凸出、角膜透明清亮的是新鲜鱼；眼球不凸出、眼角膜起皱或眼内有瘀血的则不新鲜。鳃丝呈鲜红色、黏液透明、具有咸腥味的是新鲜鱼；鳃色变暗呈灰红或灰紫色、黏液腥臭的则不新鲜。鱼肉坚实有弹性，指压后凹陷立即消失、无异味的是新鲜鱼；鱼肉稍呈松散、指压后凹陷消失得较慢、稍有腥臭味的则不新鲜。

微波香浓咖喱时蔬

🍲 原料

洋葱1个（切块）
土豆1个
胡萝卜1根
鸡腿1个（切块）

🥄 调料

咖喱膏3大匙
黄油1大匙
蒜1瓣（切末）
姜3片（切末）

牛奶1/2杯
淀粉1小匙
精盐1小匙

❤ 制作步骤

1 在微波专用容器里加入黄油，加热20秒，再加入姜末、蒜末拌匀。

2 加入洋葱块，容器放入微波炉，高温加热2分钟。

美味分享
各种美味咖喱吃法

3 取出容器，倒入咖喱膏，加入鸡腿肉块，再放进微波炉，高温加热3分钟。

4 取出容器，加入土豆块、胡萝卜块，然后与剩余的其他调料拌一下。

5 最后放进微波炉，高温加热12分钟即可。

🍵 贴心叮咛

❤ 上班族累了一天，下班回到家，已经没有太多精力准备晚餐。如果想在米饭上浇上厚厚的咖喱汁美餐一顿，可以尝试这道速成版的美味咖喱，汤汁一样浓稠，蔬菜一样酥烂，鸡肉更加细嫩。

❤ 蔬菜和鸡肉尽量切小块，便于微波加热时迅速熟透入味。

秘制东坡肉

🍲 原料

猪五花肉1000克

🍴 调料

葱100克　　　姜50克
冰糖100克　　生抽6大匙
绍酒2杯　　　老抽1大匙

制作步骤

1 在电高压锅内锅底部铺上葱、姜垫底。

2 五花肉洗干净，在沸水锅内煮5分钟。捞出用清水冲洗干净，切成7两左右的方块，放入电高压锅内锅。

美味分享
荸荠肉丸汤

3 继续向锅中加入冰糖、生抽、老抽。

4 最后倒入绍酒，酒的高度以没过五花肉为准。

5 闭合电高压锅锅盖，选择高压档，时间设定为40分钟，自动烹制至熟即可。

贴心叮咛

❤ 自己在家做东坡肉，材料非常简单，不需要添加那些气味浓郁的香料，只需记得"材料简单、甜用冰糖、绍酒过肉、火候要足"这几条，就可以做出浓香丰厚、绝美酥香的东坡肉了。

❤ 肉块在放入电高压锅烹制前，一定另起一锅冷水下锅，大火煮沸后撇清表面血沫，再捞出肉块用清水冲洗干净，然后进行第二次烹饪。这样能让最后做出的东坡肉更美味不腻口。

水晶猪皮冻

美味分享
党参淮山枸杞猪肘汤

🍮 原料

猪皮1000克

🥄 调料

香料包（小茴香、
八角、草果、陈
皮、白芷、豆蔻、
香叶、姜）

黄酒1大匙　　生抽适量
清水8杯　　　陈醋适量
精盐适量　　　香油适量
蒜末适量　　　姜片适量

制作步骤

1 猪皮刷洗干净，放入锅中，再加清水、姜片，大火煮沸，撇清浮沫后，捞出。

2 捞出猪皮用清水冲洗干净，切除肥肉部分，再切成宽1.5厘米、长5厘米左右的小块。

3 猪皮块再次放入锅中，加入香料包和清水，大火煮沸后，烹入黄酒，维持火力煮10分钟。

4 全部材料转移至电高压锅内锅中，加精盐调味后，盖上锅盖，选择"高压"档，时间设定为55分钟，进行最后的熬煮。

5 关火后自然冷却，到完全凝固即可。

6 吃的时候，切一大块皮冻出锅，再切小块，加蒜末，淋上生抽、陈醋、香油就可以了。

贴心叮咛

♥ 猪皮上的肥肉一定要剔除干净，不然煮出的皮冻就不是透明的，而是白色的了。

♥ 香料一定要放在一个纱布包或调料盒内，否则会分散在皮冻中到处都是，影响口感。

♥ 冷却凝固皮冻时，冬天可以放在阴凉的地方，夏天则移入冰箱冷藏室，放置到凝固就可以食用了。

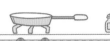

自制熏腊肠

美味分享
清香烧腊饭

 原料

猪肉2500克（肥瘦比例为3：7）
肠衣250克（处理好的猪小肠）

 调料

精盐3大匙　　　　姜粉2小匙
花椒粉2小匙　　　高度白酒3大匙
白糖3大匙　　　　红酒3大匙
胡椒粉2小匙　　　酱油2大匙
干橘子皮适量

制作步骤

1 先把猪肉切成1厘米见方的小块，用精盐、花椒粉、白糖、胡椒粉、姜粉、白酒、红酒、酱油腌制12个小时。

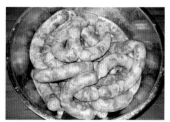

2 用机器灌制腊肠，每隔20厘米左右用白色细线扎一节，要边灌肉边扎紧，发现灌得太松的，就在中间再扎一下。

3 灌制好的湿肠用细针刺一下，排出肠内的空气，使水分容易蒸发，然后挂起来风干一天，备用。

4 （以下是快速熏制腊肠的方法）把风干的橘子皮装满微波盒。

5 半盖着微波盒的盖子，放入微波炉中，选择大火加热1分钟。

6 取出微波盒，在加热的橘子皮中埋入风干一天的腊肠，并用橘子皮把腊肠覆盖起来。

 贴心叮咛

这个方法主要是利用干橘子皮包裹住腊肠，小火慢慢加热，一边吸收腊肠本身的水分，一边又把橘子皮特有的香味渗透进腊肠。熏制出的腊肠味道很独特，肥肉通透明亮、瘦肉醇香弹牙有回味。

把腌制好的肉灌入肠衣，要装得紧密均匀，边灌制边用手挤紧，肉不能过松或过饱满。如果过松会留有空气，容易腐败；如果过于饱满则肠衣容易破裂。

7 去掉盖子，把微波盒再次放入微波炉，选择中低火那一档，加热10分钟。10分钟后取出微波盒，把腊肠翻面，再放入微波炉，继续选择中低火，加热10分钟即可。

梅菜扣肉

美味分享
烤肋眼牛排

🍲 **原料**

带皮五花肉1000克
梅菜干150克

🥄 **调料**

肉汤1/2杯　　　植物油适量
淀粉1大匙　　　蒜3瓣（切末）
白糖2大匙　　　姜1块
老抽2大匙　　　八角1个
清水适量　　　　草果1个

制作步骤

1 梅菜干洗净，用清水浸泡30分钟。

2 五花肉、姜、八角、草果加入锅中，再加入没过肉的清水，大火煮沸，转文火继续煮30分钟。

3 另起一锅，热锅热油，放入煮好的五花肉，把猪皮的那一面煎成金黄色，再倒入老抽给肉上色。

4 另起一锅，热锅热油，大火爆香蒜末、八角，放入浸泡好的梅菜干，翻炒均匀，再加入白糖、肉汤，煮5分钟。

5 将煮好上色的肉切成1厘米左右的大片，肉皮朝下摆入大蒸碗中。

6 把炒好的梅菜干覆盖在肉上，连同蒸碗一起放入电高压锅内锅。

7 闭合电高压锅锅盖，选择"高压"档，时间设定为50分钟，自动烹制至熟即可。

  贴心叮咛

♥ 在泡制前，梅菜干里的硬梗和沙粒都要挑拣出来，避免做熟后这些杂质影响口感。

♥ 把煮好的五花肉带皮的那一面煎至金黄，是为了保持猪皮的完整。即便经过高压的烹制，五花肉也不会发散，做出的梅菜扣肉更有食欲。

南瓜粉蒸肉

原料

南瓜1/2个（500克）
带皮五花肉800克
蒸肉米粉200克

调料

豆瓣酱1大匙
豆腐乳汁1大匙
黄酱1大匙
老抽1大匙

黄酒1大匙
白糖1大匙
清水1/2杯

制作步骤

美味分享
小白菜烧排骨

1 五花肉切片，放入豆瓣酱、豆腐乳汁、黄酱、老抽、黄酒、白糖，腌制1小时，拌入蒸肉米粉和适量清水。

2 南瓜洗干净，去瓤切成大片。取一个大蒸碗，铺一层南瓜，再铺一层米粉肉，然后再铺一层南瓜。

3 继续依次铺入南瓜、米粉肉、南瓜、米粉肉，直至铺满整个大碗。

4 电高压锅内锅中注入清水，放入蒸格，再放入大蒸碗。

5 闭合电高压锅锅盖，选择"高压"档，时间设定为59分钟，自动烹制至熟即可。

贴心叮咛

♥ 如果买不到蒸肉米粉，可以自己制作，做法是：400克大米，加1大匙花椒、2个干辣椒，用小火炒到发黄，倒入料理机，研磨成比小米颗粒略小的米碎就可以了。

♥ 拌米粉肉时，一定要加些清水。用手使劲握紧肉时，会有水珠微微渗出，这个程度刚好。

清口卤煮澳洲羊肉

美味分享
羊肉黄面

 原料

去骨网纹羊腿肉1只（大约2000克）

🥄 调料

卤煮调料（小茴香10粒、八角1个、桂皮1块、花椒20粒、白芷1个、草果1个、肉寇1个、丁香8粒）

制作步骤

1 羊腿肉切成两指厚的大片，放入卤煮调料，装进电高压锅内锅。

2 闭合电高压锅锅盖，选择"高压"档，时间设定为25分钟，自动烹制至熟即可。

3 烹制完成，撇净锅内的浮油，即可连汤带肉一起食用。

为了自己！
好做、好看又好吃的健康套餐

难得的假期，就是要自由又自在。不想再老套地坐在餐桌边。移驾！一大杯饮料，一部盼了很久的电影，再来一碗香喷喷的饭菜，真是神仙才过的日子啊！选用香香的米，再来大块的肉和多多的菜。一个人的一碗饭，既要吃得随意，更要吃得健康，这样才对得起自己嘛！

健康五彩焗饭

 原料

长粒米150克
橄榄50克
竹笋2～3根（约100克）
芦笋2～3根（约100克）

胡萝卜1～2根（约100克）
培根100克
芝士100克

 调料

蒜末1大匙
清水适量
植物油2大匙
精盐2小匙

　1大匙=15克　1小匙=5克

制作步骤

1 长粒米淘洗干净，加水到指定刻度（或者按1杯米加1.2杯水的比例加入清水）。

2 电饭煲焖米饭，因为焗饭有二次加热的过程，所以选择"标准煮"即可。

3 热锅温油，爆香蒜末，加入培根和各种蔬菜，大火翻炒3分钟，撒精盐调味，关火备用。

4 焖好的米饭盛入焗盘里，放八分满，再把炒好的蔬菜铺在米饭上，最后刨些芝士丝在表面。

5 把装好的焗盘放进微波炉下面一层，选择烘烤功能，温度设定为200℃，时间设定为10分钟，烤到芝士熔化、颜色浅黄就可以了。

贴心叮咛

❤ 焗饭准备的蔬菜等材料，可以根据季节的变化选择，适合家人口味、健康的食材就是最好的。

❤ 焗饭用普通的短粒大米也可以，焖制的时候选择短粒米那一档即可。

❤ 焗饭的时候，如果家中没有带烘焙功能的微波炉，可以用烤箱来完成最后的步骤。

烧腊煲仔饭

🍚 原料

大米300克
烧腊2根（约200克，切片）
海米150克
蚕豆100克
山芋1～2个（约100克，切块）

🥢 调料

生抽1大匙
老抽1/2大匙
蜂蜜1/2大匙
清水适量

　1大匙=15克

制作步骤

1 大米淘洗干净，加入指定刻度的清水（或者按1杯米加1.1杯水的比例加入清水）。

2 继续加入山芋块、蚕豆。

3 加入全部切片的烧腊和泡发的海米。

4 把电饭煲内锅放入锅中，选择"煲仔饭"档，自动焖制至熟即可。

5 程序结束后打开锅盖，均匀地淋入拌匀的调味汁（生抽、老抽、蜂蜜），即可食用。

贴心叮咛

♥ 放入食材后，锅中的水位不要超过电饭煲内锅标示的最大水位线。

♥ 焖制煲仔饭，现做现吃，建议不要用预约的方式焖制米饭。

♥ 在整个煲仔饭焖制过程中，最好不要打开锅盖，以免影响煲仔饭的口感。

♥ 如果电饭煲没有"煲仔饭"功能，可以选择"精煮"档焖制。

菠萝盅饭

🍲 原料

大米200克
菠萝1/2个（约1000克）
甜椒1个
洋葱1个
香葱3～4根（约100克，切段）
香椿50克
培根100克
香肠1～2根（约100克）

🥄 调料

车打芝士（车打乳酪）60克
精盐1小匙
黄油1大匙
清水适量

制作步骤

美味分享
菠萝咕噜饭

1 菠萝果肉部分切成十字，再慢慢挖出果肉，挖出的菠萝果肉和挖空的菠萝盅备用。

2 焖煮米饭，大米洗净，加入清水（米与水的比例为1：1.1），用"标准煮"档将米饭焖至软熟。

3 热锅熔化黄油，加入甜椒、洋葱、培根、香肠，大火翻炒2分钟，加入香葱段和车打芝士，继续翻炒2分钟。

4 加入焖好的米饭，均匀地翻炒2分钟。

5 最后加入菠萝块、香椿，翻炒2分钟，出锅前加精盐调味，炒好的饭装进挖空的菠萝盅内即可。

贴心叮咛

♥ 挖出菠萝果肉的时候，可以一层一层地挖，先用刀子划好十字，更方便取出菠萝果肉。

♥ 香椿可以根据个人口味选择加入，在早春香椿盛产的时候，爱吃香椿的人一定不要错过。

♥ 菠萝果肉一定最后加入，过早加入会让果肉脱水，使炒饭发黏，不利于保持饭的口感。

果蔬猪排饭

🍰 原料

猪排4块（约700克）
大米300克

🥄 调料

叉烧酱适量
白糖适量
生抽适量
黄酒适量

清水适量
番茄适量
乳酪矢量

♥ 制作步骤

美味分享
香菇杂蔬大比萨

1 大排表面用小刀划些十字纹，用叉烧酱、白糖、生抽、黄酒腌制入味。

2 大米淘洗干净，选择寿司饭对应的水位（米与水的比例为1：1）。

3 放入电饭煲，选择"精煮"档，焖制48分钟。

4 焖饭的时间可以用来烤制猪排。把猪排放进微波炉，选择烧烤功能，温度设定为200℃，放入中下层烤40分钟，期间取出翻一次面，继续烤至大排熟透即可。

5 最后将焖好的米饭握成团，搭配猪排、番茄、乳酪一起食用即可。

🍽 贴心叮咛

♥ 猪排别烤得太久，用牙签扎一下，能轻松扎透基本就烤好了。

♥ 握制米饭时，可以借助专门的饭团制作工具，能轻松做出漂亮的三角米饭团。

♥ 烤好的猪排搭配饱满黏香的米饭，肉质甘甜、口感嫩滑。

海鲜寿司

🍚 原料

大米200克
糯米100克
鲑鱼肉适量
海胆黄适量
鳗鱼600克

🥄 调料

精盐1小匙
白糖3大匙
寿司醋3大匙
生抽1大匙
清水适量

老抽1大匙
白酒1/2大匙
胡椒粉1/2小匙

制作步骤

🍲 **腌制鳗鱼肉**

鳗鱼去骨取鱼肉，用1大匙生抽、1大匙老抽、1/2大匙白酒、1/2大匙白糖、1/2小匙胡椒粉腌制入味。

1 大米、糯米淘洗干净，加入指定刻度的清水（米与水的比例为1:1），选择"标准煮"，焖熟米饭备用。

2 盛出焖好的米饭，待温度降到40℃左右时，加精盐、白糖、寿司醋，拌匀备用。再准备新鲜的鲑鱼肉、海胆黄、腌制好的鳗鱼肉。

3 拌好的寿司米饭装入做饭团的小工具，压实后取出，备用。

4 烧热平底煎锅，锅内刷薄薄一层油，用中火慢慢烤制鳗鱼。

5 大约2分钟后，将鱼肉翻一面；重复这个过程2~3次，待鱼肉煎香煎透，取出切成饭团长的段，备用。

6 最后在饭团上盖上鲑鱼片、烤好的鳗鱼段、海胆黄，蘸上寿司酱油就可以食用了。

贴心叮咛

♥ 除了用平底煎锅烤鳗鱼，也可以借助烤箱来完成。烤箱温度设定为200℃，上下火烤15分钟左右。

♥ 做饭团的米饭最好加入一定比例的糯米，既能增加口感，也便于饭团成型。

♥ 如果用生鱼片做饭团，一定要选择足够新鲜的鱼，这样做出的海鲜寿司才健康好吃。

帝王蟹炒饭

🍲 原料

帝王蟹3只
大米200克
鸡蛋2个
胡萝卜1根（约100克）

🥄 调料

香葱1根
姜1块
米醋1大匙
甜辣酱2大匙

精盐1/2小匙
胡椒粉1/2小匙

58 1大匙=15克 1小匙=5克

制作步骤

1 胡萝卜切小丁，姜、葱切末备用。

2 大米淘洗一下，加入指定刻度的清水（米与水的比例为1：1.1），选择"标准煮"，焖.1熟备用。

美味分享
飞蟹咖喱饭

3 盛出热米饭，加入2个生蛋黄，拌匀备用。

4 蒸锅烧开水，放入帝王蟹，大火蒸10分钟，取2只蒸熟的帝王蟹拆出蟹肉，备用。

5 热锅热油，爆香姜末，加入胡萝卜末、甜辣酱、米醋，大火翻炒2分钟。继续加入拌入蛋黄的米饭、蟹肉碎，翻炒1分钟。最后加香葱末、精盐、胡椒粉调味。炒好的米饭盛出，再搭配蒸熟的蟹一起食用。

 贴心叮咛

❤ 热米饭拌入蛋黄，可以让每一粒米都均匀地裹上蛋黄液，炒出的饭才粒粒金黄。

❤ 炒好的热米饭盛入碗中压实，稍等几秒后，再倒扣出来，可以让饭团获得紧致的形状。

❤ 炒蟹味饭的时候，最好用有蟹黄的蟹，可以让饭变得浓香馥郁，口感更美妙。

薯泥彩椒饭

🍲 原料

土豆2个
甜椒3个
胡萝卜1根
鸡腿1只

🥄 调料

黄油1大匙　　精盐适量
蒜2瓣　　　　胡椒粉适量
芝士40克
牛奶1杯

♥ 制作步骤

1 土豆洗干净，放进微波炉，高火蒸汽加热10分钟。

2 取出土豆，去皮，用匙子捣碎，加入黄油、牛奶拌匀；加精盐、胡椒粉，拌成土豆泥，备用。

美味分享
薯泥彩椒焗饭

3 大米洗净，加入指定刻度的清水（米与水的比例为1：1.1），选择"标准煮"档，焖熟备用。

4 热锅温油，爆香蒜米，加入鸡腿肉，大火翻炒3分钟；再加入蔬菜，继续翻炒5分钟；加精盐、胡椒调味，备用。

5 热米饭盛入焗盘一半的量，再铺入一层拌好的土豆泥，继续铺满炒好的蔬菜，鸡肉铺在薯泥上，最后撒些芝士片；放入微波炉，选择"烘烤"档，温度设定为200℃，放下层烤制10分钟，待芝士熔化、颜色浅黄即可。

贴心叮咛

♥ 做土豆泥时，微波炉如果没有蒸汽加热档，可以放在蒸锅里将土豆蒸熟，再捣成泥。

♥ 米饭一定要趁热放入焗盘，米饭、薯泥、蔬菜三层都要足够热，这道焗饭才好吃。

卡通便当

🍚 原料

大米100克   四季豆100克
咸鸭蛋1个   火腿200克
苹果1个   坚果50克
海苔1张

🖌 调料

肉松1大匙

1大匙=15克

制作步骤

美味分享
黑巧鸡肉三文治

1 大米淘洗干净，加入指定刻度的清水（米与水的比例为1：1），选择"标准煮"，焖熟米饭备用。

2 米饭放置到皮肤的温度后，压成圆饼，再包入肉松，滚圆并握成饭团，备用。

3 海苔剪成需要的卡通形状。

4 用剪好的海苔包好饭团，整形一下放入便当盒。

5 再根据卡通形象，在饭团上继续装饰些海苔片，把炒熟的四季豆、咸鸭蛋、苹果一起装进便当盒，最后再加些杏仁等坚果就可以了。

贴心叮咛

- 米饭放置到皮肤的温度最适合做饭团，温度太高或太低，都不利于海苔黏附定型。
- 要对包制的饭团有立体和平面的大概设计，裁切海苔才能做到心中有谱。
- 便当要做到各种食材营养搭配均衡，还要尽可能做得激发食欲。

白葡萄酒焖虾饭

🍲原料

海虾500克

🥄调料

白葡萄酒3大匙　　精盐1/2小匙
姜5克（切丝）　　胡椒1/2小匙
蒜5克（切末）

制作步骤

美味分享
阿拉啤阿他

1 热锅热油，爆香姜丝和蒜末。加入虾，大火翻炒1分钟，继续烹入白葡萄酒。

2 大火翻炒至海虾熟透，最后加精盐、胡椒调味，备用。

3 大米淘洗干净，加入指定刻度的清水（米与水的比例为1：1.2）。

4 选择"超快煮"，自动焖制米饭至软熟。

5 米饭焖好后，趁热铺入已准备好的白葡萄酒焖虾，按下保温档，让虾的香味渗透进米饭，保温10分钟即可。

贴心叮咛

♥ 白葡萄酒虾浸渍过的米饭晶莹饱满、香糯美味，和虾的紧致新鲜是最佳搭配。

♥ 建议用口感活泼、纯净的长相思白葡萄酒来做焖海虾，西柚、香草、柠檬和热情果糅合的酒香会彰显虾鲜嫩甜美的口感，虾肉更鲜美，米饭也获得二者的余香。

♥ 如果有时间，可以把虾去壳，扒成虾仁来做这道白葡萄酒焖虾饭，吃的时候更方便。

奄列蛋饭

🍰 原料

长粒香米100克　　番茄1个
鸡蛋4个　　　　　猪肉200克
洋葱1个

🍴 调料

香葱末1大匙

♥ **制作步骤**

1 热锅热油，加入肉丁，大火爆香，再加入洋葱丁和番茄丁炒熟，最后加精盐调味，备用。

2 长粒香米洗净，加入指定刻度的清水（米与水的比例为1：1.1)，选择"标准煮"，将米饭焖熟。

3 热锅温油，倒入打散的鸡蛋液，均匀地撒上香葱末；中火煎至鸡蛋表面没凝固前，加入热米饭，放在蛋饼一半的位置。

4 在米饭上，再加入炒好的番茄肉酱。

5 最后轻轻掀起另一边的蛋皮盖住米饭，再加热1分钟，盛出即可。

贴心叮咛

♥ 紫色的洋葱含有较多的抗氧化成分，营养功效比白皮洋葱要好很多。在早餐里加一些洋葱，既能调节口味，又能对抗感冒。

♥ 做蛋皮包饭的时候，要选择新鲜的鸡蛋，这样蛋皮的张力才够大。操作时动作要轻，用力过大容易导致蛋皮破裂。

鱼肉饭团

🍚 原料

新鲜鲅鱼鱼腰肉适量
糯米100克
大米400克

🥄 调料

葱段适量　　精盐3小匙　　白糖3大匙
姜丝适量　　生抽适量　　醋3大匙
蒜末适量　　黄酒适量　　清水2杯

制作步骤

美味分享
辣酱笔管蟹

1 选新鲜鲅鱼鱼腰的部分,切成一指半厚度的大片,用适量的生抽、黄酒、葱段、姜丝、蒜末、精盐、白糖腌制入味。

2 热锅热油,放入腌制好的鲅鱼,中火单面烹制2分钟,再翻一面,重复2次即可。

3 大米、糯米淘洗干净,加入指定刻度的清水(米与水的比例为1:1),选择"标准煮",焖熟米饭备用。

4 米饭搅散盛出,降温到40℃左右时,加2小匙精盐、3大匙白糖、6大匙醋,拌匀。用手握成饭团,也可以借助做饭团的工具。烹制好的鱼肉搭配蔬菜跟饭团一起食用即可。

贴心叮咛

♥ 新鲜的鱼用这种提前腌制入味,再少油烹制的方法烹制味道很不错。记得别用太多的油来炸鱼,那样鱼肉会变得很干瘪、没有鲜味。

♥ 握饭团的时候可以戴上食品料理手套,不仅米粒不会黏手,也便于饭团的成型。

♥ 新鲜的鲅鱼鱼脊附近呈暗绿色,鱼眼发亮。如果鱼眼发暗、发红则不新鲜。

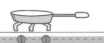

美白瘦身五彩饭

🧁 **原料**

白藜麦100克 大杏仁50克
红藜麦100克 洋葱1/2个
番茄2个（约500克）

🖌 **调料**

橄榄油1大匙
精盐1/2小匙

制作步骤

美味分享
紫薯饭

1 蔬菜分别切小块,备用;大杏仁用清水浸泡后,去掉表皮,备用。

2 藜麦装入电饭煲,加入指定刻度的清水(米与水的比例为1:5),选择"粥/汤"档,开始自动烹制。

3 当电子屏显示还有30分钟结束程序时,关掉电源,捞出藜麦,用冰水冲洗一下,备用。

4 向藜麦中继续加入蔬菜粒、大杏仁和精盐。

5 最后淋入橄榄油,拌匀即可食用。

贴心叮咛

美白瘦身五彩饭不仅爽口美味,还富含植物甾醇、天然维生素E等营养成分,能够刺激胆汁分泌,激活胰消化酶的活力,使油脂降解,以减少肠道的负担;还有润肠的功能,可以有效缓解便秘;更能消除面部皱纹,防止肌肤衰老。

三文鱼饭

美味分享
牛肉饭

🍲 原料

长粒香米400克
三文鱼100克

🥄 调料

橄榄油1大匙
胡椒碎适量
精盐适量

制作步骤

1 长粒香米洗净，加入指定刻度的清水（米与水的比例为1∶1.1），选择"标准煮"，将米饭焖熟。

2 煮熟后，将米饭用饭铲搅松，备用。

3 大火烧热煎锅，转中火，倒入橄榄油。

4 在锅中放入涂了胡椒碎和精盐的三文鱼，中火煎1分钟，翻一面。

5 转中小火，将三文鱼煎到八成熟，盛出备用。

6 把焖好的米饭盛入盘中，再搭配煎好的三文鱼、蔬菜、调味汁一起食用即可。

贴心叮咛

♥ 三文鱼可以根据个人的口味，选择煎至不同的熟度。

♥ 煎鱼的时候不要翻动太多次，一定等一侧基本熟透再翻面，免得弄散鱼肉。

♥ 选择"精煮"档，煮出的米饭会更加晶莹剔透、软糯香甜。

莲藕红枣糯米饭

 原料

莲藕2节
糯米160克
红枣50克

调料

冰糖50克

制作步骤

美味分享
肉粽飘香

1 糯米洗净后用清水浸泡2～3小时。藕洗净，去掉外皮，用刀在藕的一头切掉两三厘米，留作盖子。将已经泡好的糯米和红枣肉填入莲藕中，一边填，一边用筷子捅结实一点。

2 藕眼里都放入糯米和红枣后，把藕蒂盖子盖上，并用牙签固定封口。

3 把酿好的糯米藕放入电饭煲中，再加入一些红枣。

4 注入清水没过莲藕，在里面放入冰糖。

5 选择"煮汤"档，煲煮1.5小时，煮到糯米和藕软烂，即可捞出，放凉后食用。

贴心叮咛

♥ 煮好的莲藕红枣糯米饭放凉后便可切片食用，吃的时候还可以淋上糖桂花和蜂蜜，口感更甜美。

♥ 莲藕红枣糯米饭的含糖量不算很高，又含有大量的维生素C和膳食纤维，对于肝病、便秘、糖尿病、身体虚弱的人都十分有益。同时富含铁、钙等微量元素，有明显的补益气血、健脾养胃、增强人体免疫力的作用。

素寿司饭卷

🍰 **原料**

大米300克
豆腐1块（约300克）
胡萝卜1根

🥢 **调料**

海苔2张
香菜1小把
葱叶2根

制作步骤

美味分享
三文治

1 胡萝卜切末，香菜、葱叶切末，分别加入少量精盐调味，拌匀。豆腐用刀背碾碎，加少量精盐调味，拌匀备用。

2 大米淘洗一下，加入指定刻度的清水（米与水的比例为1：1.1），选择"精华煮"，焖熟备用。

3 在竹帘上铺上一片海苔，用放置到皮肤温度的米饭铺满海苔的2/3，压匀压实。

4 继续在米饭上铺上拌好入味的豆腐，再分别铺上入味的香菜和胡萝卜丁。

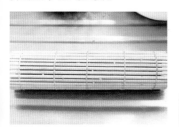

5 用竹帘沿下端向上慢慢卷起，不要立即就切，放置5分钟，让米饭充分定形好再分割。

贴心叮咛

♥ 卷好定形的长寿司饭卷，最好用锋利的刀沾上水切，就容易分割成漂亮的小段。

♥ 掌握了基本的做饭卷的技巧，也可以把豆腐换成金枪鱼肉、火腿、刺身等各种口味的馅料。

橙香藜麦饭

🍲 **原料**

红藜麦100克
红心脐橙2个
苹果1个
樱桃萝卜100克

✎ **调料**

橄榄油1大匙

制作步骤

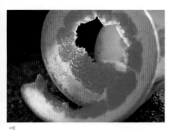

1 脐橙用水果刀沿螺旋状去掉外皮，橙子肉上的筋膜一起去掉。

2 苹果和水萝卜洗净，分别切片备用。

3 藜麦冲洗干净，备用。

4 加入指定刻度的清水到稀粥1倍所在水位（米与水的比例为1：5），盖上电饭煲锅盖，选择"粥/汤"档，时间设定为40分钟，开始煮熟藜麦。

5 煮好的藜麦捞出，过冰水后沥干，再拌入所有的水果，最后淋些橄榄油即可。

贴心叮咛

这道健康的橙香藜麦饭富含大量能增强免疫力的自然营养成分及矿物元素，还包括丰富的维生素C、维生素A、钾元素等；并含有丰富的胡萝卜素，同时也是膳食纤维和叶酸的良好天然来源，能促进肠道蠕动加速代谢，还有减肥的效果。

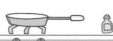

牛肉番茄藜麦饭

🍲 原料

白藜麦200克

🥄 调料

牛肉番茄土豆汤适量（牛肉500克洗净，切块，加入
土豆1个、番茄2个、葱1段、姜1块、卤煮料包1袋、
清水适量，炖煮45分钟，最后加盐调味）

制作步骤

1 藜麦放入电饭煲，淘洗一下
备用。继续加入藜麦2倍的牛肉
番茄土豆汤。

2 盖好电饭煲锅盖，选择
"粥/汤"档，时间设定为40分
钟，开始自动熬煮。

3 程序结束，打开锅盖，向牛
肉番茄藜麦饭加入少许胡椒碎
调味，即可食用。

一人一碗！
营养和美味快点到碗里来

　　汤粥和饭菜不一样，总觉得饭菜是温饱果腹的，汤粥却总透着那么一股
养生的味道。一锅汤，一碗粥，慢炖细煲，让食材的营养随着时间和火候溶
在汤汤水水里面。以前一锅好滋味的汤粥要守在炉灶边耐心等待，现在有了
电高压锅、养生锅这些好帮手，刚学习做菜的菜鸟厨娘也能煲出一碗好味又
养生的汤粥了。

腌笃鲜汤

🍲 原料

猪五花肉200克
冬笋2根（约200克）
金华火腿80克

🥄 调料

浓汤宝2块（猪骨浓汤口味）
清水6杯

制作步骤

美味分享
金瓜排骨腌笃鲜

1 五花肉、金华火腿和冬笋分别切片；冬笋在沸水里煮2分钟，捞起备用。

2 锅中加入清水，再加入2块浓汤宝。

3 加入烫过水的冬笋片。

4 加入金华火腿和猪肉片。

5 盖上盖，选择"粥/汤"档，时间设定为1小时，自动烹制至熟即可。

贴心叮咛

❤ 五花肉和金华火腿，搭配清新的冬笋，互补提味，就可以轻松做出汤鲜味美的腌笃鲜。

❤ 火腿不建议加太多，否则味道会压过其他食材。适量的火腿反而能调动出笋的鲜味，做出的汤也浓稠适当，味足香浓。

❤ 如果家里有猪骨高汤，就不必用浓汤宝了。

鼠尾草籽银耳羹

 原料

干银耳3大朵
鼠尾草籽50克
糖水山楂1罐

制作步骤

1 银耳洗净后，用清水泡发好，备用。

2 泡发好的银耳放入电高压锅内锅，再加入与银耳等体积的清水，选择"高压"档，时间设定为30分钟，熬煮银耳至黏稠。

美味分享
鲜果银耳羹

3 取出熬煮好的银耳，加入鼠尾草籽，放入食物料理机。

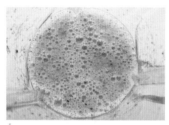

4 开动食物料理机，搅打10秒，至银耳呈黏糊状。

5 在鼠尾草籽银耳羹中拌入糖水山楂，即可食用。

贴心叮咛

♥ 银耳选择颜色自然发黄、干燥无异味的就可以。提前一夜泡发，煮的时候就很容易软烂了。

♥ 银耳富含胶原蛋白，是很好的肌肤补水剂。鼠尾草籽富含Ω-3脂肪酸、蛋白质、纤维素，是天然的抗氧化食物。每天坚持一碗，一周后就会发现皮肤干燥、毛孔粗大的状况有很好的改善；一个月下来，肌肤就变得光滑细腻，秋冬季节嘴唇不擦唇膏也会很滋润。

南瓜花粥

🍲 原料

大米100克
南瓜块（约600克）
南瓜花100克

🥄 调料

蜂蜜2大匙
清水适量

制作步骤

1 大米淘洗干净，放入电饭煲，再加入指定刻度的清水（米与水的比例为1：6），选择"汤/粥"档，时间设定为1小时20分钟，开始煮粥。

2 程序结束，打开锅盖，用匙子在南瓜粥里略搅拌一下。

美味分享
龙利鱼粥

3 加入去掉花蕊的南瓜花。

4 盖上锅盖，保温10分钟，用粥的余温将南瓜花烫熟。

5 待南瓜粥的温度降到80℃左右，调入蜂蜜，即可食用。

贴心叮咛

❤ 这道南瓜花粥有软糯的南瓜，还有娇嫩的南瓜花，有很好的安神消肿的养生作用。

❤ 在南瓜花盛开的季节，可以选择不会结南瓜的雄花或者谎花来煲煮这道美味的南瓜花粥。煲粥的花一定要去掉花蕊，不然会有轻微的苦味。

红菇排骨汤

原料

红菇100克
排骨800克

调料

黑胡椒粒1/2小匙
八角1个
青花椒1个

精盐2小匙
清水适量

制作步骤

1　红菇用清水冲掉表面的浮土，剪去根，用清水浸泡15分钟，备用。

2　排骨冲洗一下，放入电高压锅内锅，再加入黑胡椒粒、八角和青花椒。

3　加入泡发好的红菇，再把泡红菇的水倒进锅里。

4　向锅中加入没过红菇的清水和适量精盐。

5　闭合电高压锅锅盖，选择"高压"档，时间设定为40分钟，自动烹制至熟即可。

贴心叮咛

　　红菇排骨汤汤色红亮味道鲜美，红菇独特的风味溶于汤中，香馥爽口，而且很养生，含有人体必需的多种氨基酸等成分，有滋阴润肺、活血健脑等功效，有利于血液循环及降低血液中的胆固醇，还具有增加机体免疫力和抗癌等作用。经常食用，可使人皮肤细润，精力旺盛。

靓肤银耳炖蛋

美味分享
海苔肉卷蛋

🍲 原料

南瓜1个（约1500克）
鸡蛋3个
干银耳2朵

🍴 调料

清水1/2杯

制作步骤

1 银耳洗净，用清水泡发。

2 银耳去蒂后撕成小片，放入电高压锅内锅，加入与银耳等体积的水，选择"高压"档，时间设定为25分钟，开始熬煮银耳。

3 南瓜刷洗一下，从顶部切去1/3，去除南瓜子，备用。

4 在挖空的南瓜盅里装入煮好的银耳，至八分满即可。

5 在银耳上打入3个鸡蛋，盖上切去的南瓜。

6 电高压锅内锅里放入蒸格，再将南瓜放在蒸格上，加入清水。

贴心叮咛

　　银耳炖蛋是一道非常滋阴补血、养心安神的滋补品。银耳中含有的银耳多糖有抗肝炎、促进骨髓造血机能的作用，有助于慢性肝炎和糖尿病的治疗。它对改善气血虚弱、皮肤晦暗等症状十分有帮助，而且常吃还能有效降低胆固醇，对心肺也有一定的保护作用。

7 闭合电高压锅锅盖，选择"高压"档，时间设定为20分钟，自动烹制至熟即可。

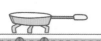

醇厚土豆浓汤

🍲 原料

土豆1个（约400克）

🥄 调料

精盐少许
胡椒粉少许
鸡清汤5杯

制作步骤

1 新鲜的土豆刷洗干净，直接切成大块，备用。

2 土豆块和鸡清汤放入电饭煲，选择"汤/粥"档，时间设定为50分钟，自动熬煮。

3 时间结束后，土豆连同熬煮的汤一起倒入食物料理机中。

4 启动料理机，打成均匀的糊状。

5 在土豆浓汤中加入少量精盐、胡椒粉调味，即可食用。

贴心叮咛

新鲜的土豆刷洗干净后，不要去掉外皮。洗干净的土豆皮非常安全，而且营养丰富，它富含能增加饱腹感的膳食纤维和有助降低血压的钾元素，特别是做浓汤时，可别随便丢了这层营养皮。紧贴土豆皮下层所含的维生素高达80%，远远高于土豆的内部。

除了做这道汤，烤土豆、炖土豆都可以连皮一起吃。但如果土豆的外皮变绿了，就要把皮削掉再吃。

杏仁红豆粥

🍮 原料

大米200克
大枣50克
大杏仁50克
大红豆50克

制作步骤

1 大杏仁和红豆提前用清水浸泡一夜，备用。

2 把全部材料放入电饭煲。

3 加入清水，至略低于最高水位刻度。

4 盖上锅盖，选择"粥/汤"档，时间设定为1小时10分钟，启动程序自动熬煮即可。

贴心叮咛

这道滋润香滑的好粥做法简单、美味又健康。红豆富含淀粉、蛋白质、钙、铁和B族维生素等多种营养成分。杏仁中含有大量不饱和脂肪酸、优质蛋白质和十几种重要的氨基酸，同时还含有对大脑神经细胞有益的维生素B_1、维生素B_2、维生素B_6、维生素E及钙、磷、铁、锌等。

常吃杏仁红豆粥可以增强抵抗力、延缓衰老，还可以利水除湿、消肿解毒，是一道非常健康的益气养心、润肺排毒、清火养颜的家常好粥。

倭瓜脊骨汤

美味分享
南瓜番茄排毒汤

🍲 原料

倭瓜1个
排骨1000克

🥄 调料

姜5克
八角1块
精盐1小匙
清水适量

制作步骤

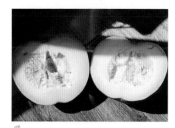

1 新摘的倭瓜在阴凉的地方放置几天后，刷洗干净外皮，再对切去籽。

2 去籽的倭瓜切成条状，再切成3厘米见方的大块，备用。

3 排骨加入电高压锅内锅中，再加姜和八角。

4 在排骨上放入倭瓜，并注入略低于最高水位的清水。

5 闭合电高压锅锅盖，选择"高压"档，时间设定为35分钟，开始自动烹饪。

6 熬煮结束后，打开锅盖，最后撒入精盐调味，即可食用。

贴心叮咛

♥ 新鲜的倭瓜最好放置一周左右再食用。让水分散失一部分，倭瓜的口感会更好。

♥ 排骨在煲煮汤前应该用冰水浸泡1小时。泡出排骨中的血水后，捞出排骨再进行熬煮，汤的颜色会更清澈，味道也更鲜美。

秘制驻颜乌发茶

原料

核桃仁600克
黑芝麻600克
脱核红枣1000克

调料

蜂蜜800克
清水1杯

制作步骤

美味分享
枸杞大枣茶

1 大枣洗净，放入电高压锅内锅中，加入清水，闭合锅盖，选择"高压"档，时间设定为15分钟，将大枣熬煮成枣泥备用。

2 烧热平底锅，放入核桃仁，小火炒熟、炒香，盛出备用。

3 在平底锅中加入黑芝麻，小火炒熟，备用。

4 将放凉的核桃仁、黑芝麻放进料理机里，打碎研磨至粉末状，备用。

贴心叮咛

♥ 做好的胶状的蜂蜜核桃芝麻枣泥，可以装入密封的玻璃罐，放入冰箱冷藏室保存。

♥ 每天早晚取2大匙蜂蜜核桃芝麻枣泥，用一杯温开水冲调，就做成了养生又美味的驻颜乌发茶。

5 最后把枣泥、核桃芝麻碎、蜂蜜一起拌匀，食用时取适量温水冲开即可。

冬瓜灵芝汤

🍲 原料

冬瓜1000克
海米30克
鸡蛋1个

🥄 调料

酵母1/2小匙
鸡高汤1/2杯（可用清水代替）

♥ 制作步骤

美味分享
冬阴功汤

1 海米冲洗干净，用清水浸泡20分钟，备用。

2 冬瓜先削去表皮，然后纵向切成8块。

3 再把每一块横切，去掉瓜瓤，最后分切成2~3厘米厚的块。

4 把全部食材放入电饭煲中，再加入鸡高汤。如果没有鸡高汤的话，加入等量的清水也可以。

5 盖好锅盖，选择"汤/粥"档，时间设定为40分钟，开始自动煮汤。时间结束后开盖，加入精盐调味，即可食用。

☕ 贴心叮咛

♥ 煲汤用的冬瓜最好不要切成过小或过薄的片，否则汤中的冬瓜会很容易碎烂，影响口感。

♥ 关于自制鸡高汤，可用鸡骨和柴鸡一起，一次性熬制多一些的鸡汤，然后分装进多个容器，在冰箱冷冻室储存。每次用时拿出一盒，解冻后再使用，非常方便。

黄芪大骨汤

美味分享
白萝卜排骨汤

🍲 原料

猪腿骨1000克
黄芪5克

🥄 调料

米醋1小匙
精盐2小匙
葱10克

姜10克
八角1个
清水适量

制作步骤

1 猪腿骨洗净，放入电高压锅内锅，再加入其余材料，加清水到最低高度稍下的位置。

2 闭合电高压锅锅盖，选择"高压"档，时间设定为40分钟，启动自动烹饪。

3 自动熬煮结束后，打开锅盖，撇清浮油，即可食用。

番茄牛腩汤

🍲 **原料**

牛腩1000克　　　　洋葱1个
番茄600克　　　　　泡发的人参1根
番茄黄豆罐头400克

🥄 **调料**

精盐1小匙

制作步骤

1　牛腩加入清水中煮沸后，捞出牛腩放入电高压锅内锅，再加入其他全部食材，加清水到最低高度稍下的位置。

2　闭合电高压锅锅盖，选择"高压"档，时间设定为25分钟，启动自动烹饪。

3　熬煮结束后，打开锅盖，加入精盐调味，即可食用。

1小匙=5克　103

天麻金银蹄汤

美味分享
党参淮山猪手汤

🍲 原料

猪前蹄2个
火腿200克
天麻3克

🥄 调料

姜1块　　　精盐5小匙
葱1段　　　清水适量
八角1个

 制作步骤

1 猪蹄汆烫后,切成小块,放入电高压锅内锅中,继续加入同样切块的火腿。

2 再放入其他食材到内锅中,注入略低于最高刻度的清水。

3 闭合电高压锅锅盖,选择"高压"档,时间设定为30分钟,自动烹制至熟即可。

灵芝鸡汤

🍲 **原料**

三黄鸡1只（约1500克）
灵芝2根

🥄 **调料**

葱段适量
姜片少许
精盐1小匙

制作步骤

1 三黄鸡冲洗干净，冷水入锅，加入姜片大火煮沸，捞出用清水冲洗，放入电高压锅内锅。

2 继续加入姜片、葱段、灵芝、精盐，注入低于最高刻度的清水。

3 闭合电高压锅锅盖，选择"高压"档，时间设定为25分钟，自动烹制至熟即可。

花生杂粮粥

原料

大米150克	黑豆50克
花生50克	杏仁50克
燕麦30克	饭豆50克
红豆50克	

制作步骤

1 大米和所有食材用清水淘洗干净，放入电高压锅内锅中。

2 加入略低于锅内最高刻度的清水。

3 盖好锅盖，选择"粥/汤"档，时间设定为1小时10分钟，启动自动烹饪即可。

勿忘传统！
民族的美食也是世界的

　　西餐大举"入侵"，到处都是蛋糕、面包、牛排、汉堡，我们的传统中式点心反倒变成了小众的饮食。其实，自己在家做传统点心也是一件很时尚的事情！包子、饺子、年糕、月饼，它们不单单是节日才能吃到的食物，更承载着我们对童年的回忆。千万不要让我们的传统美食失传啊！

五彩果香年糕

 原料

糯米粉300克　　蜜瓜果条100克
山楂果条100克　黑芝麻糖150克
柳橙果酱100克

 调料

淀粉75克
白糖50克
黄油50克
清水2杯

制作步骤

1 糯米粉、淀粉、白糖、黄油、清水调成糊状，放进微波炉，选择大火加热，时间设定为10分钟。

2 10分钟内，每2分钟取出，用筷子顺一个方向搅拌数下，再放回微波炉继续加热。

3 最后加热成如图所示的半透明状、有黏性的面糊，备用。

4 在保鲜盒四周涂上黄油，先在盒子的底部铺上一层蜜瓜果条，倒入拌上山楂果条的年糕面糊，高度占整个盒子的1/3处就可以了。

5 再倒入拌上柳橙果酱的年糕面糊，高度同样是盒子的1/3。

6 然后铺上一层黑芝麻糖，每块之间留出一些空隙。

7 最后把剩余的年糕面糊倒满，盖好盒盖，放入冰箱冷冻室保存。

贴心叮咛

- 冷冻年糕的盒子应该选择深一些的方盒，而且要在盒子内壁四周涂上黄油。这一步很关键，只有涂了黄油，做好的年糕才好取出。

- 冷冻后的年糕不需解冻，可直接从保鲜盒中倒扣出来，装盘直接上锅，或者切成1厘米厚的薄片装入盘子，再放入蒸锅中用大火热透，即可食用。随吃随加热，香糯软滑、酸酸甜甜。

芸豆大包子

🍲 原料

面粉250克
猪肉馅300克
鸡蛋1个

🥄 调料

清水1/2杯
牛奶1大匙
酵母粉1/2小匙
白糖1/2小匙

姜末1/2大匙
葱末1大匙
胡椒粉1小匙

精盐1小匙
生抽1大匙
鸡汤1/2杯

制作步骤

🥟 制作包子面团

面粉、清水、牛奶、酵母粉、白糖，放入面包机中，选择"面包面团"键。

🥄 调制肉馅

猪肉馅、姜末、葱末、胡椒粉、精盐、生抽，鸡蛋，鸡汤调匀。

1 芸豆洗净，放入蒸锅用大火蒸10分钟。

2 取出蒸好的芸豆，切成丁，加入调好的鲜肉馅拌匀，做成包子馅料，备用。

3 发酵完成的面团分成50克左右的面团，醒置5分钟，备用。

4 取一块面团，擀成中间厚两边薄的面皮，包入芸豆肉馅。

5 提起面皮的一端，依次逆时针捏出包子褶，再收好口成包子生坯。

6 包子放入蒸格，静置20分钟后，在电饭煲里加入3杯水，选择蒸煮程序，时间设定为15分钟。

7 程序结束后，继续在锅中用余气续蒸5分钟，再开盖，取出芸豆包子即可。

贴心叮咛

- 调制肉馅的时候，鸡汤要一勺一勺地慢慢加入肉中，要边加入鸡汤，边用筷子顺着一个方向搅拌肉馅，这样做出的包子肉质细嫩，而且多汁美味。
- 包好的包子需要静置20分钟再开始蒸制，让包子皮在这段时间可以继续膨胀，做出的包子皮才更软。

红酒冰皮月饼

🍮 原料

冰皮月饼粉200克
玫瑰酱馅480克
白莲蓉馅480克

🥄 调料

白糖3大匙
红酒1杯
植物油3大匙

　1杯=240毫升　1大匙=15克

制作步骤

美味分享
奶皇绿茶冰皮月饼

1 冰皮月饼粉、白糖、红酒、植物油混合均匀，放入盘中，再放入电饭煲内，选择蒸煮程序，时间设定为20分钟。

2 蒸好的饼皮取出，放至不烫手，分割成40克大小的面团，玫瑰酱馅和白莲蓉馅分别分成30克的小团。

3 白莲蓉馅包入到玫瑰酱馅中，团成圆球。

4 再把馅料包入到饼皮里。

5 滚圆后，按入月饼模，压实后翻转脱模即可。

贴心叮咛

♥ 做好的红酒玫瑰莲蓉冰皮月饼，有淡淡酸酸的红酒味，搭配玫瑰、莲蓉馅料会更加清甜。

♥ 以上的全部材料，可以做出16个100克的香甜的冰皮月饼。

传统广式月饼

🍲 原料

低筋面粉500克
莲蓉2600克

🍴 调料

枧水2小匙
糖浆350克
精盐1小匙

植物油1/2杯

1杯=240毫升 1小匙=5克

制作步骤

1 枧水、糖浆、精盐、植物油放入碗内，搅拌均匀备用。

2 向液体中继续加入低筋面粉拌匀即可，盖保鲜膜放置1小时后使用。

3 取80克莲蓉，包入一粒去核的话梅肉。

4 再取30克月饼面团，压扁后慢慢包入莲蓉话梅馅，然后蘸些面粉压入模具。

5 轻敲几下月饼模具，脱模，即成月饼生坯。

6 调换不同的模具，可以做出不同图案的月饼。

7 月饼连同烤盘，一起放入带有烘焙功能的微波炉，选择"烘烤"档，温度设定为175℃，时间设定为20分钟，即可完成月饼烤制。如果家里的微波炉没有烘焙功能，可以用烤箱来制作。

贴心叮咛

♥ 以上的饼皮材料可以制作33块月饼。

♥ 枧水是广式糕点常见的传统辅料，可以在烘焙用品店或网上购买到，或者自制。自制枧水时，将碱和水按1：3的比例调制溶解即可。

♥ 如果喜欢月饼上面的花纹呈现深红色，可以烤至5分钟时取出月饼，在表面的化纹上刷上一层蛋液，再放回烤炉继续烤至月饼熟透。

♥ 刚出炉的广式月饼饼皮会比较硬，放凉后装入盒子中，放置一两天，月饼就会自然回油，饼皮也会变得非常柔软。

玫瑰火腿月饼

🍮 原料

低筋面粉500克
熟面粉500克
火腿1000克

🥢 调料

糖浆350克
植物油400克
枧水2小匙

精盐2小匙
玫瑰花碎2小匙
蜂蜜250克

制作步骤

🍮 制作月饼皮原料

枧水、糖浆、精盐1小匙、植物油150克搅拌均匀，再加入低筋面粉拌匀，盖上保鲜膜，放置1小时再使用。

🍴 制作月饼馅料

火腿、熟面粉、玫瑰花碎、精盐1小匙、蜂蜜、植物油250克拌匀成月饼馅料。

1 月饼皮原料分成40克的小团；月饼馅分成80克的小团，备用。

2 取出面团，压成饼状，包入月饼馅。

3 慢慢收拢成圆球形。

4 包好的面团入少许面粉，压入月饼模具内压实。

5 压实的月饼模在桌子上轻敲几下，再脱模。

6 烤盘上垫一层油布，放入脱模的月饼。

7 放入带有烘焙功能的微波炉（为了上色均匀，建议放在第二层）；选择"烘烤"档，温度设定为180℃，时间设定为22分钟。

贴心叮咛

❤ 自己烤的月饼第二天早晨就回油了，颜色变得更加油亮，饼皮愈发柔软可口。香甜美味的中秋月饼，搭配浓茶食用更加健康。

❤ 做玫瑰火腿馅料的玫瑰花碎，可以用新鲜的，也可以用干的玫瑰花（去掉花蒂）压碎替代。

腊汁肉夹馍

🍲 原料

面粉280克
五花肉1000克

🥄 调料

食用碱面1/2小匙　葱2段　酱油2大匙
酵母1/2大匙　姜片少许　精盐2小匙
清水4杯　老抽2大匙
卤煮料包1包　黄酒1大匙

制作步骤

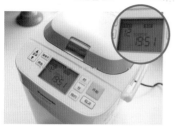

1 面粉、食用碱面、酵母、清水放入面包机中，选择"饺子皮面团"键，将面团揉制光滑，备用。

2 和好的面团分成10小团，滚圆后醒置10分钟。

3 将面团分别搓成如图所示的纺锤形。

4 再把纺锤形面团擀成牛舌状，从右向左卷起，备用。

5 厚底煎锅置中小火上烧热，放入面团，边烙边将面团压扁成圆饼状，烙至馍的两面完全熟透、金黄，盛出。

6 五花肉和卤煮料包、葱、姜、老抽、黄酒、酱油、精盐、清水一起放入电高压锅内锅，时间设定为45分钟，将肉卤煮至熟。

7 卤煮好的大块腊汁肉在汤汁中浸泡数小时，捞出；将烙好的馍切开，加入剁碎的腊汁肉，即成腊汁肉夹馍。

贴心叮咛

通常在超市可以买到卤煮腊肉的调料包，如果没有，就自己将适量的八角、桂皮、陈皮、白芷、茴香、冰糖、丁香包入一块纱布中，再扎紧，然后放入电高压锅中即可。

做好的腊汁肉一定不要立刻从汤汁里捞出来，浸泡在原汤里，随吃随取，这样腊汁肉的滋味会更足。

美丽飘香菊花酥

🍲 原料

低筋面粉380克
高筋面粉120克
鸡蛋2个（取蛋黄打散成蛋液）

🥄 调料

白糖1大匙
酥油160克
清水1/2杯
豆沙适量

制作步骤

🥣 揉制油心面团

低筋面粉210克、酥油110克，放入面包机，选择"乌东面、意大利面面团"键，揉成光滑的油心面团。

🥢 揉制水皮面团

低筋面粉170克、高筋面粉120克、白糖1大匙、酥油50克、清水1/2杯放入面包机，选择"乌冬面、意大利面面团"键，揉成光滑的水皮面团。

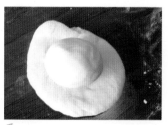

1 水皮面团分成60克的小面团，油心面团分成40克的小面团，取一块水皮面团擀成圆饼，再包起一个油心面团。

2 水油面团包圆后，再压扁擀薄，从下至上卷起成卷状。

3 继续将面块旋转90°，擀压成长条状，卷起长条，静置5分钟。

4 把水油面团擀成圆片，再包入豆沙，收好口。

5 把豆沙面团压扁，用刀在周围切一圈。注意，不要切到圆心位置。

6 在切口处，把每个面瓣旋转90°，即成菊花酥生坯。

 贴心叮咛

💛 揉好的水皮面团和油心面团最好放入冰箱冷藏室，冷藏数小时后再制作使用，更便于菊花酥分层。

💛 烤制菊花酥前，在菊花酥的外表刷一层蛋黄液，可以让烤出的外皮颜色更加金黄诱人。

7 在菊花酥的表面扫一层蛋黄液，再撒入芝麻，放入带有烘焙功能的微波炉，温度设定为180℃，时间设定为25分钟，烘烤即可。

筋道凉拌面

美味分享
荞麦凉面

🍚 原料

面粉300克   干木耳20克（泡发后切丁）
香菇200克   肉丁500克
胡萝卜150克   鸡蛋3个

🥄 调料

黄豆酱300克
精盐1小匙
清水4小匙

制作步骤

揉制面团

面粉300克、鸡蛋3个、精盐1小匙、清水20毫升放入面包机，选择"乌东面、意大利面面团"键，启动程序揉面，程序结束后，在面包桶中静置15分钟。

1 锅置火上，加入植物油烧热，放入八角粉、胡椒粉、小茴香粉，用中火爆香，再加入肉丁，大火翻炒。

2 加入胡萝卜丁、香菇丁、木耳丁翻炒2分钟，再加入黄豆酱，熬制15分钟，备用。

3 从面包机中取出揉好的面团，分割成4小块，沾上面粉，用压面机压制成面条（粗细依个人喜好而定）。

4 锅中加入清水烧沸，下入面条煮熟，再将面条捞入冷水中过凉，盛出装盘，加入香菇肉酱和各种喜欢的时令蔬菜丝，拌匀即可食用。

贴心叮咛

♥ 加入鸡蛋的面条口感特别筋道，鸡蛋选择中等大小的就可以，如果是大鸡蛋，就不用再加入清水了。

♥ 揉好的面团需静置一会儿再做面条，面条会特别的有韧性，口感也更好。

♥ 煮好的面条用清水或者冰水冲洗一下再食用，能增加面条的弹性，特别是夏天食用会更加爽口。

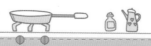

薄如蝉翼葱油饼

美味分享
春饼

 原料

面粉280克
鸡蛋1个

🔖 调料

沸水1/2杯
精盐1小匙
葱末100克

胡椒粉1小匙
植物油3大匙

制作步骤

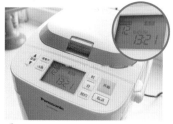

1 面粉、沸水、鸡蛋、精盐放入面包机，选择"饺子皮面团"键，揉成光滑的面团。

2 揉好的面团分割成6块，滚成球形，醒置10分钟。

3 锅中加入植物油烧热，倒入加有葱末、精盐、胡椒粉的碗内炸香。

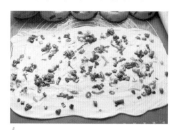

4 取面团，擀成薄片，铺满油葱。

5 从下到上卷起，再从右到左盘起来，卷好的饼坯放置10分钟。

6 将面团压扁，用擀面杖轻轻擀成圆饼。

7 平底锅加入植物油烧热，用中小火烙到葱油饼两面金黄熟透即可。

贴心叮咛

♥ 制作油葱馅时，烫葱的油一定要烧到冒烟，只有足够热的油浇在小葱上，才能把葱香味调到最好。

♥ 因为葱油饼的面团比较湿黏，所以案板上要涂一些油，这样更容易操作。

♥ 卷好的油葱饼坯一定要静置一会儿再擀成薄饼，静置的目的是为了让烙出的饼更易分层。

自制美味麻糬

美味分享
春饼

🍚 原料

糯米280克

🥄 调料

清水1杯
玉米淀粉适量（操作时做手粉用）

制作步骤

1 糯米淘洗到水变清为止，用筛子将水分沥干。在面包机容器内安装上做面包用的叶片，放入糯米和清水。

2 选择面包机菜单机中的"麻糬"键，启动机器开始自动制作麻糬。程序完成后，麻糬制作完成。

3 从面包机内取出制作好的麻糬，分割成小块，再团成小球，或者包入喜欢的馅料即可食用。

简易烘培！
新手也能做到零失败

　　烘培很难？错！烘培其实很简单，只是你可能没有找到窍门。不会和面？没关系，面包机可以代劳。掌握不好时间？也没关系，烤箱可以为你把关。活用厨房小家电，新手烘培也能零失败。

橄榄枝全麦面包

美味分享
地瓜棍子面包

🍰 原料

高筋面粉140克
全麦面粉100克

🥄 调料

白糖2小匙
精盐1/2小匙
速酵粉1小匙
牛奶1/2杯

1杯=240毫升　1小匙=5克

制作步骤

1 高筋面粉、全麦面粉、白糖、精盐、速酵粉、牛奶放入面包机中，选择"面包面团"键。

2 发酵完成的面团取出后，分割成4块，滚圆，松弛15分钟。

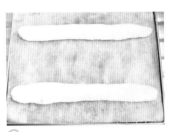

3 面团揉成长棍形，放进微波炉，选择"发酵"档，然后进行第二次发酵。

4 体积膨胀2倍后，取出，用大剪刀左一刀、右一刀，依次剪成橄榄枝形。

5 再放进带有烘烤功能的微波炉中，温度设定为180℃，烘烤25分钟。

6 烤制完成后，取出面包，自然放凉，即可食用。

贴心叮咛

♥ 橄榄枝面包不仅外观好看，而且食用方便，用了很多全麦面粉制作，无油、低糖，既健康，又美味。

♥ 在发酵完成的面团上用大剪刀剪出橄榄枝形状时，可以在剪刀上涂些植物油，这样就不会粘连面团，剪出的形状更漂亮。

绿茶桂花红豆面包

🍮 原料

高筋面粉345克
绿茶粉2小匙

🥄 调料

沸水1/2杯
清水1/4杯
酵母粉1小匙
黄油4小匙

精盐1小匙
牛奶4大匙
白糖5小匙

制作步骤

🥮 制作抹茶面团

高筋面粉15克、绿茶粉2小匙、沸水1/2杯混合均匀后放凉，倒入面包机内桶；再加进高筋面粉230克、清水1/4杯、酵母粉1/2小匙、白糖3小匙、黄油2小匙、精盐1/2小匙，面包机选择"面包面团"键，完成后取出，备用。

✎ 制作白面团

高筋面粉100克、牛奶4大匙、酵母粉2克、白糖2小匙、黄油2小匙、精盐1/5小匙，倒入面包机内桶内，面包机选择"面包面团"键，完成后取出，备用。

1 绿茶面团和白面团发酵后，滚圆，松弛15分钟。

2 两块面团简单糅合，擀成1厘米厚的长方形面片。

3 在面团上铺上蜜红豆，再均匀地撒上一层桂花。

4 抬起面团的下边缘，从下至上，卷成长条形。

5 面团卷好，捏合，放入面包模内。

6 面包模放进微波炉，选择"发酵"档，进行第二次发酵，直至发酵到满模，再选择烘烤功能，温度设定为200℃，烘烤40分钟。

贴心叮咛

💗 绿茶桂花红豆面包既有绿茶的清新芬芳，又有蜜红豆、糖桂花的甜蜜甘甜，口感清爽柔软。加入绿茶粉的面包不仅好吃，而且绿茶的芳香族化合物能溶解脂肪、化浊去腻、防止脂肪在体内的堆积。绿茶中所含的维生素B_1、维生素C和咖啡因能促进胃液分泌，有助于消化与消脂。

7 程序完成后，取出面包，脱模后自然放凉即可。

圣诞史多伦面包

美味分享
黑欧面包

 原料

高筋面粉400克
杏仁粉60克
鸡蛋2个
干果280克

调料

精盐1小匙
白糖3大匙
酵母粉1小匙

黄油140克
牛奶1杯
甜葡萄酒2大匙

制作步骤

1 高筋面粉、杏仁粉、精盐、糖、酵母粉、黄油、鸡蛋、牛奶、甜葡萄酒放入面包机，选择"面包面团"键。

2 面团发酵完成后，分割1大2小的3份，滚圆，静置20分钟。

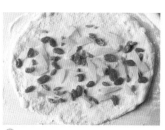

3 3个面团分别擀平，铺上用红酒浸泡并擦干的果干和坚果，大面团撒上果干200克，小面团分别撒上干果80克，再卷成筒形。

4 放进微波炉，选择"发酵"档，发酵至原来的1.5倍大。

5 放进带有烘烤功能的微波炉，温度设定为190℃。

6 烘烤大约30分钟，出炉后放凉，均匀地涂上黄油，再筛满糖粉即可。

贴心叮咛

♥ 史多伦面包是传统的德国圣诞礼物面包，据说已经有500年历史。在圣诞节期间，互相赠送史多伦面包是表达心意最甜美的方式。

♥ 史多伦面包的造型简朴憨态、口味扎实、馥郁香甜。制作时要添加大量的水果蜜饯与坚果，出炉后刷上熔化的奶油，然后沾满厚厚的雪白糖粉。

美味酱肉吐司

美味分享
培根大吐司

 原料

 调料

面粉200克
酱肉500克
鸡蛋1个

酵母1/2小匙
清水5大匙

　1大匙=15克　1小匙=5克

制作步骤

1 面粉、酵母、鸡蛋搅拌均匀，放入面包机，选择"面包面团"键。

2 发酵完成的面团从面包机中取出，滚圆后，把面团擀成长方形。

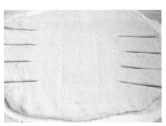

3 把烤模放在饼的中心位置上压一下，在面皮的两端分别切4刀。

4 把面皮铺进烤模，再铺满酱肉，大概到模具八分满就可以。

5 面皮切口处交叉叠压，如图所示，重叠盖好。

6 吐司的表面刷上鸡蛋液，撒满脆酥皮。

7 吐司带模一起放进带有烘烤功能的微波炉，温度设定为220℃，烘烤35分钟，取出放凉，即可食用。

贴心叮咛

❤ 制作酱肉吐司的酱肉最好肥瘦相间，这样做出的吐司口感会更加香浓、可口。

❤ 吐司表面撒一层酥皮，可以用酥饼弄碎的外皮，也可以用曲奇饼干压碎。

❤ 制作酱肉吐司的酱肉，可以用本书中118页介绍的腊汁肉夹馍中的腊汁肉代替。

减脂芹菜欧包

🥣 原料

面粉180克
芹菜叶少许
老面团80克

🔪 调料

清水1/3杯
精盐1小匙
酵母粉1/2小匙

制作步骤

美味分享
黑芝麻欧包

1 面粉、清水、老面团、精盐、酵母粉放入面包机，选择"面包面团"键。

2 取出发酵好的面团，在面团中揉入芹菜叶，分割成2块，整形成圆棍形。

3 面包坯放进微波炉，选择"发酵"档，进行第二次发酵。待体积膨胀到原来2倍大时，划上两刀开始烘焙，温度设定为190℃，烘烤30分钟。

4 烘烤结束，取出面包，自然放凉即可。

贴心叮咛

♥ 制作蔬菜面包时，把芹菜叶换成自己喜欢的茎叶类蔬菜，味道也很不错。芹菜叶茎含有挥发性的甘露醇，别具芳香，能增加食欲，而且叶中胡萝卜素含量是芹菜茎的80多倍，维生素C、维生素B₁的含量是茎的10倍以上。

♥ 在向面团中加入芹菜叶时，可以一点一点地加入，用塑料的面包切刀来辅助拌入，效果会更好。

咖啡网纹面包

🍲 原料

面粉250克
鸡蛋1个

🥄 调料

咖啡粉1小匙　　牛奶1/3杯
酵母粉1/2小匙　黄油2小匙
白糖1大匙　　　精盐1/2小匙

❤ **制作步骤**

美味分享
淡奶油芝士面包

1 面粉、咖啡粉、酵母粉、白糖、鸡蛋、牛奶、黄油、精盐放入面包机内,选择"面包面团"键。

2 程序完成后,取出发酵好的面团,按扁,再整形成球形,放入发酵竹藤篮,放进微波炉,选择"发酵"档,再次发酵到原来2倍大左右。

3 面团倒扣进铺有烘焙布的烤盘内,在面包表面划上几刀排气。

4 再放进带有烘烤功能的微波炉,温度设定为180℃,烘烤40分钟,取出即可。

贴心叮咛

❤ 如果准备用咖啡豆磨成的粉来制作做咖啡面包的咖啡粉,建议用料理机打成微细的颗粒,这样比煮咖啡的咖啡粉颗粒要细很多。

❤ 发酵好的面团放入发酵竹藤篮时,先在竹藤篮里撒入一层面粉,这样发酵完成后的面团倒扣出来时,不会粘连发酵篮,做出的面包就有非常好看的网状纹。

经典啤酒面包

美味分享
蓝莓花生酱吐司

 原料

面粉300克
纯碱面30克

调料

酵母1小匙
精盐1小匙
冰水2/3杯
清水2杯

制作步骤

1 面粉、酵母、精盐、冰水放入面包机，选择"面包面团"键。

2 面包机揉面进行到30分钟时，取出面包面团，直接分割成6块面团。

3 把面团搓成长条，首尾相交打个结，再折到中间部分。

4 做成如图所示的曲奇状生坯即可。

5 放进微波炉，选择"发酵"档，发酵20分钟后取出。

6 纯碱面加入清水调匀，放入发酵好的面包坯浸泡1分钟，捞出备用。

贴心叮咛

♥ 啤酒面包在烘焙前，可以在碱水浸泡后的面包坯上撒上大粒精盐。喝啤酒时吃这种啤酒面包可以中和啤酒的酸性，更加健康。

♥ 自制的啤酒面包口感扎实，低脂、低热量、不含胆固醇。除了传统的曲奇状外，还可以做成迷你形、长条形等；口味上也可以添加芥末、果酱、花生酱馅等不同味道。

7 放进带有烘烤功能的微波炉，温度设定为220℃，烘烤15分钟，取出即可食用。

木瓜手工面包

🍮 原料

面粉250克
木瓜1个
牛奶1/5杯

🥄 调料

精盐1/2小匙
酵母粉1/2小匙

制作步骤

1 木瓜去籽，去皮，切成小块，备用。

2 取木瓜块、牛奶，全部放入料理机，打成牛奶木瓜果泥，备用。

3 牛奶木瓜果泥倒入面包机，再加入面粉、精盐、酵母粉，选择"面包面团"键。

4 将发酵完成的面包面团分割成100克左右的面团6个，分别整形成长条形，再卷起打一个结。

5 面包坯放入模具中，进行第二次发酵。

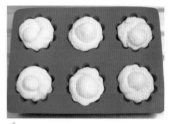

6 放进微波炉，选择"发酵"档，直到面团的体积膨大到原来的2倍。

7 放进带有烘烤功能的微波炉，温度设定为190℃，烘烤20分钟，取出放凉，即可食用。

贴心叮咛

♥ 木瓜面包特别适合不愿意直接吃木瓜的朋友，常吃可以嫩白肌肤、滋润肠胃。

♥ 用这个方法可以制作出很多其他水果面包，根据不同果泥的湿润程度，适当调整面粉的加入量，就可以变化出不同颜色和口味的健康水果面包。

健康豆浆面包

美味分享
黑米杂粮面包

🍲 原料

面粉600克
豆浆1/2杯

🍴 调料

蜂蜜1大匙
精盐2小匙
酵母粉1小匙

　1杯=240毫升　1大匙=15克　1小匙=5克

制作步骤

1 面粉、豆浆、蜂蜜、精盐克、酵母粉放入面包机，选择"面包面团"键。

2 取出发酵好的面团，压扁，再简单整形成椭圆形，放入搪瓷盆里。

3 放进微波炉，选择"发酵"档，直至再次发酵到满模。

4 带盆一起取出发酵好的面团，表面筛入少许面粉，划两刀排气。

5 放进带有烘烤功能的微波炉，温度设定为240℃，盖上锅盖，先烘烤30分钟。

6 去掉锅盖，温度设定为200℃，继续烤15分钟，取出即可食用。

贴心叮咛

♥ 无油、低糖的豆浆面包，口感没比高糖、高油的传统面包差到哪去，特别是用来做主食吃，健康又美味。

♥ 这个超大的盆形面包，用豆浆和面，没有加入油脂，不需要二次发酵，操作时间短，用家里的盆来烘烤，做法简单。

♥ 烘焙面包的盆，可以是全铁的搪瓷锅，或者是厚的铸铁锅，只要是耐烤的容器都可以。

红山芋面包

🍲 原料

红心山芋500克
面粉260克

🖌 调料

酵母粉1小匙

制作步骤

1 红心山芋蒸熟，去掉山芋皮，再用竹制匙子碾压成山芋泥，备用。

2 根据实际山芋泥的湿润情况拌入面粉，加入酵母粉拌匀。

3 放进冰箱冷藏室发酵，观察面团，至体积胀大至原来的2倍左右。

4 取出发酵好的面团，放入发酵用的竹藤篮里，放进微波炉，选择"发酵"档，再次发酵到之前的2倍大。

5 面团倒扣过来，装入垫了硅胶布的烤盘。

6 在发酵完成的面团上，切出十字形。

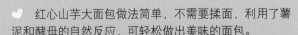

贴心叮咛

❤ 红心山芋大面包做法简单，不需要揉面，利用了薯泥和酵母的自然反应，可轻松做出美味的面包。

❤ 山芋里含糖量高，用它做面包不需要添加糖粉，吃起来就足够香甜。

❤ 适当补充些山芋，不仅可以增强身体的免疫力，预防骨质疏松，还能刺激肠道蠕动，促进体内废物的排出。

7 放进带有烘烤功能的微波炉，温度设定为230℃，烘烤40分钟，取出放凉，即可食用。

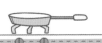

核桃花生芝麻面包条

原料

高筋面粉300克
牛奶1/2杯
鸡蛋1个

调料

炼乳2大匙
精盐1/2小匙
熟黑芝麻50克
核桃仁50克

熟花生仁碎100克
酵母1/2小匙
黄油2大匙

美味分享
酥脆松软的法棍

制作步骤

1 高筋面粉、牛奶、鸡蛋、炼乳、精盐、酵母、黄油放入面包机，选择"面包面团"键。

2 程序结束后，取出面包内桶，继续加入熟黑芝麻、核桃仁、熟花生仁碎，用面包机揉5分钟成团即可。

3 关掉面包机开关，立即取出面团，排气后整形成圆球形。

4 把面团擀成1厘米厚的面饼，松弛10分钟。

5 用刀把面饼分割成2厘米宽的长条，取2条重叠，然后扭成曲棍状。

6 放进带有烘烤功能的微波炉，温度设定为200℃，烘烤15分钟，取出放凉，即可食用。

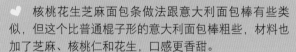

贴心叮咛

- 核桃花生芝麻面包条做法跟意大利面包棒有些类似，但这个比普通棍子形的意大利面包棒粗些，材料也加了芝麻、核桃仁和花生，口感更香甜。
- 用核桃花生芝麻面包条做下午茶零食，或者早餐搭配牛奶吃，健康又美味。

酸奶老鼠欧包

🍲 原料

高筋面粉200克
鸡蛋1个
酸奶1/3杯

🥄 调料

酵母粉1/2小匙
精盐1/2小匙

制作步骤

1 高筋面粉、酸奶、鸡蛋、酵母粉、精盐放入面包机，选择"面包面团"键。

2 发酵完成的面团，从面包机取出后，分割成2块，滚圆，松弛10分钟。

3 每个面团分别擀成椭圆形，一侧薄一些。

4 从下向上卷起，两侧揉长。

5 放进微波炉，选择"发酵"档，直至再次发酵到原面团的2倍大左右，割几刀排气。

6 放进带有烘烤功能的微波炉，温度设定为200℃，烘烤30分钟，取出放凉，即可食用。

贴心叮咛

♥ 酸奶老鼠欧包是一种健康、无油、低糖的面包，用酸奶代替了面团中的水，酸甜可口，吃起来也别有风味。

♥ 关于发酵好的面团割刀口排气，是为了让面团在烘烤时的膨胀更有规则，面团不会过度膨胀裂开，而会沿着刀口的两侧均匀变大，获得理想的面包形状。

咖啡酒香面包

🍮 原料

面包粉250克
咖啡奶酒2大匙

🥄 调料

清水1/2杯
精盐1/2小匙
酵母粉1/2小匙

　1杯=240毫升　1大匙=15克　1小匙=5克

制作步骤

1 面包粉、咖啡奶酒、清水、精盐、酵母粉放入面包机，选择"面包面团"键。

2 发酵完成的面团从面包机取出，分割成4块，排气后滚圆，松弛15分钟。

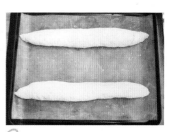

3 把面团分别整形成长条形。

4 放进微波炉，选择"发酵"档，直至再次发酵到原来体积的2倍大。

5 取出发酵完成的面包坯，在表面切几刀排气口。

6 放进带有烘烤功能的微波炉，温度设定为180℃，烘烤25分钟，取出放凉，即可食用。

贴心叮咛

♥ 这是一款风味独特的自制面包，融合了酒香，又有咖啡苦、酸、甜、醇、香的味道，香气也很有层次感。

♥ 制作咖啡酒香面包时，如果没有咖啡酒，可以用甜酒勾兑上一定容量的浓咖啡溶液来代替。

♥ 面团第一次发酵完成后排气，是为了面团内部没有大气泡。用手把面团内的气泡轻压出来即可。

毛毛虫热狗面包

🍲 原料

面粉350克
牛奶1杯

🥄 调料

酵母粉1/2小匙
精盐1/2小匙

制作步骤

1 面粉、酵母粉、牛奶、精盐，放入面包机，选择"面包面团"键。

2 取出发酵完成的面团，分割成40克左右的小面团，排气滚圆，松弛15分钟。

3 取一块面团整形成长条形，围绕火腿肠从上至下缠绕。

4 缠好如图所示的形状，放入铺了烘焙纸的烤盘。

5 放进微波炉，选择"发酵"档，进行二次发酵，直至面包坯再次发酵到原体积的2倍大。

6 放进带有烘烤功能的微波炉，温度设定为200℃。

7 烘烤15分钟，取出放凉，即可食用。

贴心叮咛

❤ 一次吃不完做好的热狗面包，可以用锡纸包好，放入冰箱冷冻室保存。不要放在冷藏室保存，否则会使柔软的面包逐渐变硬，面包会变得很难吃。

❤ 冷冻的毛毛虫热狗面包，下次吃的时候，可以直接连同锡纸一起放进微波烤箱，选择200℃，烘烤几分钟就可以恢复到松软的口感了。

黄金芝士小吐司

🍚 原料

面粉280克
鸡蛋1个
牛奶1/2杯

🔪 调料

黄波芝士粉40克
酵母1/2小匙
白糖1大匙

制作步骤

1 面粉、黄波芝士粉、鸡蛋、牛奶、酵母、白糖放入面包机，选择"面包面团"键。

2 揉面程序完成后，取出面团，分割成3块，排气后醒置10分钟。

3 3块面团，分别放入耐烤的玻璃烤模中。

4 放进微波炉，选择"发酵"档，进行第二次发酵，直至再次发酵到满模。

5 放进带有烘烤功能的微波炉，温度设定为160℃，烘焙时间为35分钟。

6 烘焙结束前5分钟，打开烤箱察看一下面包顶部的上色程度，决定是否加盖锡纸，避免顶部烤焦，完成最后的烘焙。

贴心叮咛

♥ 黄金芝士小吐司的口感介于蛋糕跟面包之间，绵密扎实、醇厚回味，咬一口满嘴带有芝士的浓香。

♥ 如果没有纯芝士粉，可以用块状的黄波芝士切成丝，加入到面包粉中揉制面包面团，一样可以做出颗粒细腻、味道厚重的芝士面包。

柠香圆弹面包

🍲 原料

高筋面粉150克
全麦粉150克
柠檬皮屑20克

🔖 调料

酵母粉1小匙
精盐1小匙
黄油2大匙

白糖1大匙
清水2/3杯

制作步骤

🧁 制作面团A

高筋面粉150克、柠檬皮屑20克、清水100克、酵母粉1/2小匙，放入面包机选择"面包面团"键，揉好的面团，放冰箱冷藏一夜。

🥄 制作面团B

取出面团A加入到面包机中，再次加入全麦粉150克、精盐1小匙、清水80毫升、黄油2大匙、白糖1大匙、酵母粉1/2小匙，再次放入面包机中，选择"面包面团"键。

1 把发酵好的面团取出，分割成每个50克大小的面团若干，滚圆成球形。

2 面包坯放入硅胶烤模，放进微波炉，选择"发酵"档，进行第二次发酵。

美味分享
超弹圆酥包

3 面包坯体积膨胀到2倍后，表面刷层鸡蛋液，放入带有烘烤功能的微波炉，温度设定为200℃，烘烤10分钟。

4 烘烤结束后，取出面包。

5 将白糖和清水按1：1的比例溶解，刷在刚出炉的面包表面即可。

🖊 贴心叮咛

　　加入柠檬皮屑的面包口感清新，风味独特。制作柠檬皮屑前，要将柠檬的外皮用盐水反复刷洗干净，去掉表层的果蜡，再将柠檬表面的水分擦干，用专门的柠檬刨均匀地擦下黄色的皮屑部分。注意不要刮掉外皮下的白色部分，以免口感变苦。

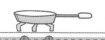

香蕉花冠蛋糕

美味分享
黑巧克力蛋糕

🍮 原料

面粉250克
鸡蛋1个
香蕉4根
牛奶1/2杯

🍴 调料

淡奶油2大匙
精盐1小匙
白糖2大匙
酵母粉1/2小匙

制作步骤

1 面粉、牛奶、鸡蛋、淡奶油、精盐、白糖、酵母粉放入面包机，选择"面包面团"键。

2 发酵完成的面团，从面包机中取出，分割成6块，排气后滚圆，松弛15分钟。

3 利用面包松弛的时间，把香蕉去皮，分别切成小块，备用。

4 松弛好的面团分别擀成牛舌形，放入香蕉粒，再从左至右卷起。

5 卷好的香蕉面包卷，竖直放入面包烤模中，放进微波炉，选择"发酵"档，直至再次发酵到满模。

6 最后放进带有烘烤功能的微波炉，温度设定为190℃，烘烤35分钟，取出即可食用。

贴心叮咛

♥ 这是一款湿润、细腻的手工大面包，因为香蕉的加入，会延缓面包的老化，食用的时候会格外柔软。

♥ 香蕉营养含量高、热量低，又有丰富的蛋白质、糖、钾、维生素A和维生素C，膳食纤维也很多，是营养丰富的佳品。

高水分杯子面包

🍚 原料　　　🥄 调料

面粉150克　　烫种120克
鸡蛋1个　　　奶粉4小匙
　　　　　　　酵母1小匙

制作步骤

1 烫种、鸡蛋、面粉、奶粉、酵母放入面包机，选择"面包面团"键。

2 取出发酵完成的面团，按扁排气，分割成4大块，静置15分钟，备用。

3 松弛好的面团再次分割成12个小球，放入烤盘。

4 面团分别滚成小圆形，放入烤模中。

5 在温暖湿润的地方，完成二次发酵，体积膨胀至原来的2倍左右即可。

6 放进带有烘烤功能的微波炉，温度设定为165℃，烘烤30分钟，取出即可食用。

贴心叮咛

♥ 这个杯子面包的水分比重很高，所以烤制后在常温放置3天内，口感都非常的湿软。

♥ 在面团中加入烫种，能够提高面包的持水量，使面包气泡细化。这样面包倍加柔软，保湿时间极大延长。烫种的制作是这样的：高筋面粉和水按照1：5的比例混合，然后放到火上边加热边搅拌，加热到65℃离火，面糊在搅拌时会有纹路出现。盖上保鲜膜降到室温后，放入冰箱冷藏至凉使用。

♥ 高水分的面包整形的时候稍稍有点麻烦，可以在案板上涂些油。当然，也可以撒些玉米粉在案板上。

♥ 如果在案板上涂油后进行面团的最后整形，烤出来的面包就会上色比较金黄油润，因为油在外层的缘故，会加速面包表面的上色过程。

巴西莓吐司

美味分享
苋菜槐花法棍面包

🍰 原料

面粉250克
鸡蛋1个

🥄 调料

巴西莓粉1大匙
酵母粉1小匙
精盐1小匙
芝士粉1小匙

白糖2大匙
黄油1大匙
清水1/2杯

制作步骤

🍲 第一阶段

面粉175克，清水100毫升、酵母粉1/2小匙、精盐1/2小匙、芝士粉1小匙、巴西莓粉1大匙放入面包机中，选择"面包面团"键，程序结束后，取出面团，装入保鲜袋，放入冰箱冷藏17小时。

🥄 第二阶段

取出冰箱冷藏的面团，放入面包机揉面桶，继续加入面粉75克、鸡蛋1个、清水25毫升、精盐1/2小匙、酵母粉1/2小匙、白糖2大匙、黄油1大匙，选择"面包面团"键，完成最终的面团的制作。

1 检验面团揉制是否成功的标志，就是可以拉出结实而有弹性的薄膜。

2 取出发酵好的面团，分割成6块面团，松弛15分钟。

3 每个小面团，分别擀卷成椭圆形，卷起，放进吐司盒。

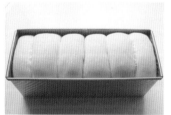

4 放进微波炉，选择"发酵"档，直至再次发酵到满模。

5 放进带有烘烤功能的微波炉，温度设定为200℃，烘烤45分钟，取出即可食用。

📋 贴心叮咛

❤ 这个巴西莓吐司用的是中种法，非常柔软，面团湿润，水分比例大，内部非常绵软。

❤ 没有巴西莓粉，可以用其他的水果干粉来替代，比如橙子粉、草莓干粉等。

❤ 吐司制作是否成功，跟面团的揉制成功与否有直接的关系，所以要随时检查面团揉制的状况。

芝心比萨

原料

马拉芝士（马拉乳酪）块500克
面粉300克
牛奶1/2杯
鸡蛋1个

鲜虾仁300克
培根片6条
彩椒片2个

调料

黑胡椒碎1大匙
比萨酱1杯
酵母粉1/2小匙
精盐1/2小匙

制作步骤

◆ 制作比萨皮面团

面粉300克、鸡蛋1个、牛奶120毫升、酵母粉1/2小匙、精盐1/2小匙，放入面包机，选择"比萨面团"键。

1 发酵完成的比萨面团大致整理成圆形，在饼边周围放上芝士块。

2 间隔2厘米左右把比萨饼皮的外延，向内压下，围住芝士块，继续在中间的饼皮部分撒一层芝士片。

3 在饼中间铺满比萨酱，继续在比萨酱上撒满培根。

4 最后铺满芝士片、虾仁，撒入适量的黑胡椒碎和彩椒碎。

5 把比萨连同烤盘一起放入微波炉中，选择"烘烤"档，温度设定为220℃，时间20分钟。

6 烤好的芝心比萨立即取出，趁热分割成块，即可食用。

贴心叮咛

❤ 做芝士比萨最好用柱形的芝士，如果没有，就用马拉芝士切成块替代，再用饼皮包裹起来，烘烤出来口感和柱形芝士是一样的。

❤ 芝士尽量选择新鲜的马拉芝士，最好不要反复冷冻、解冻。

❤ 烤好的芝心比萨趁热分割成块，食用的时候芝士才能拉出长长的丝。

原料

高筋面粉250克
牛奶2/3杯

调料

酵母粉2/3小匙
鸡蛋清1个
黄油25克
精盐1/2小匙
白糖2大匙

制作中种

高筋面粉125克、牛奶1/2杯、酵母粉1.5克，搅拌成团即可，放入保鲜盒，放入冰箱冷藏室冷藏12小时。

超弹中种吐司

制作面包面团

冷藏好的面团撕成块，加入面包机内桶，继续加入牛奶2大匙、鸡蛋清1个、黄油25克、精盐1/2小匙、白糖2大匙、高筋面粉125克、酵母粉2克，再选择"面包面团"键，完成最终的面团的制作。

制作步骤

1 取出发酵好的面包面团，分割成两块，静置15分钟。

2 擀成圆饼，上下分别对折，再擀成长方形，卷起长方形成卷状，放入吐司模。

3 放进微波炉，选择"发酵"档，直至再次发酵到满模。表面刷上蛋黄液，放进带有烘烤功能的微波炉，温度设定为210℃，烘烤40分钟即可。

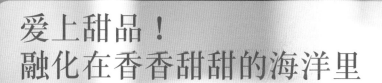

爱上甜品！
融化在香香甜甜的海洋里

　　甜品是对心灵的救赎。心情很糟的时候，一份甜品过后就会统统烟消云散。生活也要像甜点，没有酸，没有苦，没有咸，只有像蜜一样的甜。虽然都说甜点是减肥的死敌，不过，管他呢！我要生活再甜一点！

松露巧克力

🍲 原料

黑巧克力约300克

🥄 调料

蜜糖奶酒3大匙
可可粉50克
绿茶粉50克

制作步骤

1 巧克力放入大的搪瓷缸，再加入蜜糖奶酒，备用。

2 微波炉选择"发酵"功能，温度为40℃，把巧克力连同搪瓷缸一起放入，慢慢熔化。

美味分享
巧克力草莓伯爵

3 取出熔化的巧克力，搅拌均匀，放置到快凝固时，戴料理手套，取出20克左右搓成团。

4 把巧克力球放在绿茶粉里滚匀，就成为绿茶口味的松露巧克力。

5 或者把巧克力球放在可可粉里滚匀，就成为可可口味的松露巧克力。

贴心叮咛

♥ 自制美味的松露巧克力，做法很简单，滋味也够醇厚，很好吃。一粒粒外形很像蕈（xùn）树沾满沙土的松露，所以得名松露巧克力。

♥ 如果喜欢香滑的口感，可以在熔化的巧克力里拌入一些奶粉和椰浆，这样获得的口感就更香滑。

♥ 如果没有微波炉或者不具备发酵功能，可以把巧克力放在容器里，下面坐一盆热水，隔水慢慢搅拌至巧克力熔化。

健康蓝莓香蕉果酱

🍲 原料

冷冻蓝莓150克
香蕉果肉250克

🥄 调料

白糖140克
柠檬汁2大匙

♥ 制作步骤

美味分享
柳橙果酱

1 面包容器内装好搅拌用叶片，放入冷冻蓝莓。

2 继续加入香蕉果肉、白糖，拌匀。

3 淋入柠檬汁。

4 把面包容器装进面包机，选择"果酱"键，开始制作果酱。

5 程序结束后，立即开盖，让果酱自然冷却，再装进密封容器，放入冰箱冷藏保存。

贴心叮咛

♥ 自制的健康果酱没有防腐剂，所以要尽快食用。冷藏储存建议不超过1周。

♥ 如果水果的含水量太大，感觉做出的果酱不够黏稠，可以进行追加加热。

♥ 如果面包机没有制作果酱的菜单，需要把混合后的材料放入锅中，不停搅拌，用中小火慢慢熬煮到黏稠。

♥ 果酱冷藏之后，会变得更加黏稠，口感也会更好。

美味糖水山楂

美味分享
草莓梨子汤

🍮 原料

山楂1000克

🥄 调料

白糖200克
清水4杯

制作步骤

1 山楂洗干净，用细铁管捅去山楂核，备用。

2 去核的山楂放入电饭煲，加入白糖和清水。

3 盖上锅盖，选择"粥/汤"档，时间设定为40分钟，当菜单显示还有30分钟时，断电即可。

烤紫山芋

🍰 原料

紫山芋适量

制作步骤

1 紫山芋刷洗干净，放入烤模，备用；微波烤箱预热190℃。

2 预热结束后，紫山芋连同模具一起放入微波烤箱下层，时间设定为45分钟。

3 烤制时间结束后，在烤箱里用余温继续烤制5分钟，取出即可食用。

苹果蓝莓派

美味分享
蓝莓吐司

🍮 原料   🥄 调料

面粉150克   牛奶3大匙
鸡蛋1个   黄油2小匙
青苹果1个   酵母粉1/2小匙
蓝莓100克

制作步骤

1 面粉、鸡蛋、牛奶、黄油、酵母粉，放入面包机，选择"比萨面团"程序。

2 青苹果去皮、去核，切成薄片备用。

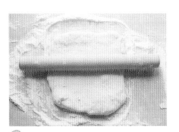

3 揉制好的面团取出，擀成长方形备用。

4 在面团上铺上苹果片，再均匀地淋上2大匙蜂蜜。

5 微波烤箱预热180℃，放上层烤制20分钟。

6 烤制结束后，取出苹果派，在苹果片上撒入蓝莓，再淋蜂蜜即可。

贴心叮咛

♥ 蓝莓最好生食，能够最大限度地保留营养成分。蓝莓果实含有大量对人类健康有益的物质，包括抗氧化物、靴酸、抗菌成分和丰富的膳食纤维等。

♥ 如果没有新鲜的蓝莓，用速冻的蓝莓和蓝莓干也可以替代。为了让做好的派色泽鲜艳，最好选择抗氧化的青苹果来做。

黑樱桃芝士蛋糕

🍰 原料

低筋面粉80克
黑樱桃250克
鸡蛋2个

🖌 调料

白糖2大匙
纯芝士粉20克
泡打粉1/2小匙
植物油3大匙

制作步骤

1 樱桃洗净，去核，备用。

2 鸡蛋和植物油拌匀，备用。

3 向鸡蛋液中加入所有的粉类材料，拌匀。

4 蛋糕糊装入烤盘，再撒上去核的樱桃。

5 放进微波烤箱，温度设定为180℃，烘烤20分钟即可。

贴心叮咛

♥ 出炉后，在樱桃芝士蛋糕表面筛上芝士粉，每一口都有黑樱桃的浓郁、甜蜜的浆汁和芝士的浓香。

♥ 如果没有纯芝士粉，把块状的芝士切碎，加入到鸡蛋糊中替代，这样也是可以的。

清心鲜果梨子糖水

🍮 原料

梨2个（约180克）

🥄 调料

白糖4大匙
清水1杯
柠檬汁2小匙
精盐1小匙

制作步骤

美味分享
银耳甜梨水

1 去掉面包容器内的搅拌叶片，加入白糖、清水、柠檬汁，用橡皮刮刀搅拌到白糖溶化。

2 放入削皮、去核的梨。

3 向面包机容器内加入精盐。

4 将锡纸剪成面包机容器的大小，中间开一个1厘米左右的孔，盖在上面。

5 装入面包机本体内，选择"蜜糖水果"键，时间设定为60分钟，启动制作蜜糖梨子。

贴心叮咛

♥ 加入少许的精盐是为了中和糖水甜腻的口感，而且会让梨水格外清甜、美味。

♥ 制作完成后，将水果上下翻转，梨子和糖浆一起慢慢冷却，冷却时糖浆会浸透水果。

♥ 做好的梨了糖水最好放进冰箱冷藏室，冷藏半天后再食用。这样可以让糖浆渗入梨子，会更加爽口。

杯子蛋糕

美味分享
巧克力蛋糕

🧁 原料

鸡蛋5个（蛋清、蛋黄分离）
低筋面粉90克

🥄 调料

植物油3大匙
橙汁3大匙
白糖5大匙
鲜柠檬汁1小匙

制作步骤

1 蛋黄、植物油、橙汁混合均匀，再筛入低筋面粉混合均匀，备用。

2 蛋清加入鲜柠檬汁，再分3次边打发边加入白糖，直至打到干性发泡，备用。

3 分3次把蛋白糊加入蛋黄糊，用切拌的方式混合均匀。

4 混合好的蛋糕糊倒入直径8厘米的小蛋糕模具。

5 预热微波烤箱，温度设定为180℃，时间设定为30分钟，启动烘烤即可。

贴心叮咛

自制小蛋糕时，需要注意蛋白要打到干性发泡，具体的操作方法是：把蛋清倒在一个无水、无油的干净盆里，加几滴白醋或现挤的柠檬汁，用电动打蛋器先以中速开始搅拌，蛋白会开始呈泡沫状，此时加入1/3白糖；继续以中高速搅拌，搅拌至开始呈现半固体状，蛋白向上膨胀隆起；这时再从边缘加入1/3白糖，不要直接将糖从正中央倒入，以免破坏蛋白的打发；继续用高速打发，将打蛋器提起时，蛋白隆起的尖端尚不能维持固定的形状，此时蛋白已至第一阶段的打发状态；最后加入剩下的1/3白糖，能更稳固打发的蛋白，也能使打发的蛋白光亮平滑；继续以高速打发，打发直到蛋白坚固有光泽。提起打蛋器时，蛋白尖端能维持形状而不弯曲，蛋白就已到达干性发泡阶段，也就是通常说的打得足够硬了。

酸乳酪塔

原料

蓝莓200克
低筋面粉80克
奶油乳酪200克
酸奶1杯

调料

乳酪粉5小匙
白糖3大匙
蛋黄2个
黄油70克

制作步骤

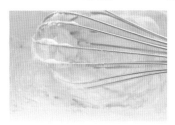

1 奶油乳酪中加入酸奶，用打蛋器搅拌均匀备用。

2 制作塔皮：低筋面粉、乳酪粉、白糖、蛋黄、黄油搅拌均匀即可。

美味分享
巨无霸樱桃派

3 把塔皮面糊铺满小烤盘。上面压些豆子，防止烤制的时候变形。

4 塔皮连同烤模一起放进微波烤箱，温度设定为180℃，烘烤25分钟即可。

5 去掉出炉的塔皮表面的豆子，在塔皮里加入蓝莓，再挤满调制好的奶油乳酪酸奶糊，即可食用。

贴心叮咛

♥ 奶油乳酪蓝莓塔在馅料里混合了奶油、乳酪和酸奶，搭配酸甜美味、明目抗氧化的蓝莓，是优雅健康的一道纯美甜点。

♥ 蓝莓可以用时令的浆果代替，比如草莓、树莓、桑葚、黑莓等，都一样有调节口感、清新解腻的作用。

高纤豆蓉饼干

🍚 原料

面粉250克
大杏仁250克

🥄 调料

黄油100克
豆蓉150克
白糖3大匙
蛋黄2个

制作步骤

1 大杏仁切成小碎块，备用。

2 把所有材料加入面包机，选择"饺子皮面团"键，揉制5分钟，打开盖子检查一下，材料拌匀就可以了，不需要搅拌过长的时间。

美味分享
苏打饼干

3 取出揉制好的面团，整形成长条状，放进冰箱冷藏室冷藏1小时，备用。

4 从冰箱里取出面团，切割成1厘米厚的片。

5 在烤盘上垫上高温油布，再放上饼干坯，微波烤箱温度设定为180℃，烘烤25分钟，取出即可食用。

贴心叮咛

♥ 这个饼干用的就是打豆浆的副产品——豆渣。用它加入适量的坚果，制作成健康高纤饼干，香酥可口，富含不饱和脂肪酸，可以降低胆固醇。

♥ 做高纤豆蓉饼干时，最好用豆浆机加热熟透的豆渣，如果是生豆渣，在混合材料时，需要把豆渣单独放入微波炉，高温加热5~8分钟，确保它没有豆腥味，再开始制作。

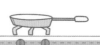

蛋黄曲奇

🍰 原料

无盐动物性黄油100克
熟蛋黄3个
低筋面粉150克

🥄 调料

橄榄油1大匙
白糖3大匙
精盐1小匙

制作步骤

1 黄油软化后，用打蛋器打发成羽毛状，再拌入碾碎的蛋黄打均匀。

2 向打发的黄油中拌入植物油，再筛入低筋面粉、精盐拌匀成曲奇面糊，备用。

3 曲奇面糊装入裱花袋，挤成喜欢的形状。

4 挤好的曲奇放入烤盘，再放入预热150℃的微波烤箱，烘烤15分钟。

5 烘烤结束后，立即取出曲奇，放凉后装袋，密封保存即可。

贴心叮咛

♥ 这款曲奇特别香酥，因为加入了熟鸡蛋黄，让曲奇的口感更好，滋味也更浓郁、醇厚。

♥ 自制的蛋黄曲奇降低了黄油的比例，增加了橄榄油，不仅美味，也更加健康。

甜美羊羹

🍮 原料

红豆沙300克

🥄 调料

鱼胶粉1大匙　　白糖2大匙
淀粉1大匙　　　凉白开1杯
吉士粉1大匙　　沸水1杯

♥ 制作步骤

1 把鱼胶粉、淀粉、吉士粉、白糖放入耐热的容器，搅拌均匀。

2 先用凉白开把以上材料溶解，再倒入其余的沸水拌匀备用。

美味分享
蛋黄酸奶塔

3 继续向溶液中拌入豆沙，完全搅拌均匀后，成为豆沙糊备用。

4 把豆沙糊连同容器一起放进微波炉，高温加热8分钟，期间每1分钟取出搅拌1次。

5 将加热完成的羊羹糊倒入保鲜盒中冷却，再放进冰箱冷藏室，冷藏至凝固以后，取出切块就可以食用了。

贴心叮咛

♥ 自制羊羹香滑、祛暑、美白，以上的食材量正好可以做2盒350毫升盒子的羊羹。

♥ 加热完成的羊羹糊一定要倒入涂了黄油的盒子，这样将来凝固以后，会很容易整块取出。

♥ 羊羹含有丰富的维生素B_1、维生素B_2、蛋白质及多种矿物质，有补血、利尿、消肿、促进心肺功能等保健功效。

草莓大福

美味分享
草莓辫子面包

🍲 原料

糯米粉150克
红豆沙240克
大草莓8个

🥄 调料

玉米淀粉2大匙
蜂蜜3大匙
乳白色黄油4小匙

清水1杯
糖粉3大匙

制作步骤

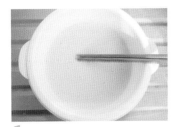

1 把糯米粉、玉米淀粉、蜂蜜、乳白色黄油、清水调成酸奶一样的糊糊，备用。

2 放进微波炉，选择大火8分钟，每2分钟取出用筷子搅拌1次，面团越搅拌黏性越强。

3 程序完成后取出面糊，放置到不烫手后，备用。

4 戴上食品料理手套，取出60克左右的糯米面团在手上压成圆饼；在圆饼上放入30克红豆沙。

5 继续在豆沙中间放一颗大草莓。

6 最后把糯米面皮聚拢收口，在手中滚成圆球形。

7 最后把草莓大福在糖粉里打个滚即可。吃的时候口感层层甜美，多汁清甜。

贴心叮咛

♥ 又弹又糯的糯米皮搭配上红豆泥，自身就带有一些甜腻的感觉，加入草莓之后，整个味道会变得非常协调。粉嫩甜蜜的草莓汁伴着红豆沙，感觉妙不可言。

♥ 包制草莓大福的时候，建议用炒熟的玉米淀粉做手粉，防止糯米黏手。或者戴上食品料理手套，再轻蘸上一些水，更容易操作。

红菇莴蛋糕

🍰 原料

鸡蛋3个
低筋面粉100克
红菇莴10粒

🍴 调料

白糖3大匙
黄油50克

制作步骤

1 红菇茑剥掉外皮，洗干净备用。

2 鸡蛋、黄油、白糖混合后直接打发。

美味分享
樱桃大杏仁蛋糕

3 向打发的黄油鸡蛋糊中筛入面粉，拌匀备用。

4 蛋糊装进蛋糕模，加进几颗红菇茑。

5 放入带有烘烤功能的微波炉，预热，温度设定为200℃，烤制35分钟，取出即可食用。

贴心叮咛

红菇茑学名叫酸浆，也叫金灯、戈力、洛神珠。成熟的果实甜美清香，富含维生素C，并含有微量生物碱、枸橼酸、草酸，对再生障碍性贫血有不错的疗效。常吃可以清肺热去热毒、利咽化痰，可以治疗肝炎，咽喉肿疼。用红菇茑的花萼泡茶，有清凉、化痰、镇咳、利尿的功效。

金黄柿子饼

美味分享
提拉米苏

🍲 原料

柿子2个
糯米粉200克

🔖 调料

白糖1小匙
橄榄油适量

制作步骤

1 柿子去皮，果肉捣碎备用。在柿子泥中拌入糯米粉，搅拌成比较软的面团。

2 把糯米柿子糊放入微波炉，高温加热5分钟，加热过程中，取出搅拌2次，再放回微波炉，继续加热至成黏稠的面团。

3 平底锅置火上，加入植物油烧至七成热。放入团成小块的柿子面团，中小火炸制金黄，熟透即可。

196　　1小匙=5克

厨房收纳与清洁小窍门

🐾 冷冻保存的注意事项

冷冻可以延长食物的保质时间，但是冷冻保存也是有期限的，一些保存时间较长的食物，冷冻前应贴上标签，注明日期，再放入冷冻室，这样能够及时确认保存的时间，避免过期食用。

🐾 羊肉的保存要点

羊肉的保存比猪肉要求高一些。保存鲜羊肉最好在剔骨后用食品保鲜膜紧紧地包裹起来，排除空气并密闭冷冻，这样的羊肉至少半年内可以保持新鲜。暂时吃不了的羊肉，也可以撒少量盐腌制两天，即可保存十天左右。

🐾 鲜虾的冷藏技巧

短期内会食用的话，将买来的鲜虾剪去虾须和刺，摆直放入食品保鲜袋中，密封后放入冰箱冷藏。也可以将虾一只只地装在干净的矿泉水瓶里（根据虾的大小，选择瓶口大小合适的瓶子）再装点儿水，拧紧瓶盖，再放入冰箱冷冻。食用前取出一瓶提前解冻，将瓶子剪开即可。

冷冻新鲜的河虾或海虾，可先将虾用水洗净后，放入金属盒中，注入冷水，将虾浸没，再放入冷冻室内冻结。待冻结后将金属盒取出，在外面稍放一会儿，倒出冻结的虾块，再用保鲜袋或塑料食品袋密封包装，放入冷冻室内贮藏。

避免氧化的冷冻要点

尽量在食物新鲜时就冷冻，才能保持原有的新鲜味道，而保鲜最关键就是密封，食物往往因为接触到空气而产生氧化，特别是鱼类、肉类等含脂肪较多的食物。所以，应采用隔断空气的保存手法，即选择密封的保鲜袋或密封容器，并尽量排出空气。

鸡肉的保存要点

新鲜的生鸡肉装在原包装里，可以在冰箱冷藏室里保存两天左右。然而，如果不打算在买回来的两天内食用，最好立即冷冻。大多数鸡肉在原包装下冷冻，能保存长达两个月的时间。

包装密封性是冷冻鸡肉的关键。要冷冻整鸡，先要取出内脏，清洗干净，然后用纸巾拍干水分。除去鸡肉上多余的肥肉。用耐冷冻的食品塑料膜、纸或铝箔将鸡肉和内脏分别紧紧包起来，贴上标签，注明日期，放入冷冻室。

将脱骨、脱皮的鸡胸和鸡大腿放在冰箱里保存可以节省不少时间。将鸡切成大小适宜的鸡块，然后包装冷冻。这些便利的包装解冻方便，烹饪也更快捷。

直接冷冻鸡腿等时，将洗干净的鸡肉用纸巾吸除水分，速冻后放入冷冻保鲜袋，最好用保鲜膜将鸡翅或鸡腿间隔开再冷冻。

冷冻鸡肉最好的解冻法是带包装在冷藏室里解冻。也可以使用微波炉解冻。

黄瓜的保鲜方法

常温下黄瓜放3天左右就会变干。冷藏保存前不要清洗，并将黄瓜表面的水分拭干，放入密封保鲜袋中，将袋口封好冷藏，约可保存10天。如果想保存更久，将黄瓜洗净后，浸泡在盛有稀释精盐水的容器中，可以保持新鲜不变质。此外，盐水还能使黄瓜保留住水分，并可防止微生物的繁殖，在常温下可保鲜20天左右。

生菜的保存技巧

生菜只要放一段时间会逐渐变软，这时可将菜心挖除，然后将沾湿的厨房纸巾塞入菜心处让生菜吸收水分，等到纸巾比较干时就将纸巾拿掉，将生菜放入密封保鲜袋中，重新放入冰箱内冷藏，就可恢复爽脆口感。刚买的生菜可以对半切开，在菜心的切口处涂上干面粉，然后用沾湿的厨房纸巾包裹起来，再放入冰箱内冷藏，约可保鲜1周左右。

葡萄的保存技巧

葡萄没回家用纸包好，放在冰箱暂时贮存，不要使用塑料袋，会使葡萄表面结霜（家用冰箱冷藏室变温较大），引起裂果和腐烂。也可以将葡萄一粒粒摘除，用水洗干净，沥干水分，然后用保鲜膜包好，再放入密封保鲜袋中冷冻保存。

使香菜保香的方法

将香菜根全部切除，择去烂黄叶，然后，将其摊开在阳光下晾晒1～2天；最后，把晒好的香菜编织成香肠般粗细的长辫，挂在阴凉处风干，可长久保存。短期存放，叮将香菜洗净，切成烹饪时的大小，装入保鲜袋中，取用时不必解冻直接下锅即可。

保存鲜姜的方法

将鲜姜装入纸袋或塑料袋内，放在11℃～14℃的低温环境中存放。或将鲜姜洗净晾干，放入盐罐中，或将姜去皮，放一点白酒或黄酒密封起来，不但能保鲜，浸姜的酒也可以饮用。

防止土豆发芽的方法

为了避免发芽，除夏天外，土豆不清洗，直接放在铺了报纸的纸箱中，放置于阴凉处即可。若要放在冰箱里，可用报纸包裹后放入密封袋中再冷藏，在其中放一个或多个苹果，便可防止土豆发芽，使土豆存放更长时间。

肉馅保鲜的窍门

把调过味的肉馅放入保鲜袋，然后放在砧板上把它压成2～3厘米厚的饼状，再放入冰箱冷冻起来即可。这样肉馅在解冻时就加大了肉馅与室温空气的接触，很容易化开。

🐾 香蕉的保存技巧

1 香蕉适宜保存在8℃～23℃。买回来的香蕉整串用清水冲洗几遍，减轻催熟剂的腐蚀（可延长存放时间5～7天不变质），用干净的抹布擦干水，表皮要保持干燥状态。用几张旧报纸，将香蕉包裹起来，放到室内通风阴凉处，这样可以延长保鲜期。也可以去皮切块，放入保鲜袋冷冻。

2 不要把香蕉放进冰箱，否则果肉会变成暗褐色，口感不佳。因此，可以去皮切块，放入保鲜袋冷冻。

3 存放时最好挂起来，减少受压面积，避免接触面发生氧化，产生黑斑。即使平放也最好让凸起面朝上。

🐾 食用油的存放技巧

储存温度为10℃～15℃，一般不超过25℃，储存时远离煤气灶、电饭锅等热源，放在阴凉、避光、干燥的地方，避免温热环境加速油脂氧化劣变。桶装油买回家后用小瓶分装，用后盖紧瓶盖，避免接触空气而氧化；最好使用深色且不透明的玻璃瓶或瓷瓶储油。在食用油中加入1粒维生素E（将胶囊扎破挤入食用油中）能增强油脂抗氧化力。

切开苹果不变黄的方法

切开的苹果容易变黄，可以将鲜柠檬切开，涂抹一下苹果的切面，柠檬酸能延迟苹果切开部分变色的过程。也可以将切片的苹果在淡盐水中浸泡一会儿，避免变色。

豆类的存放方法

红小豆、绿豆、豌豆、蚕豆等各种豆类在存放时容易生虫或变质，存放时可以采用一些小窍门，来延长保鲜的时间。将豆子先放入沸水中焯烫一下，杀死表面的虫卵，然后立即放入凉水中降温，最后，在阳光下晒干后再放入密封罐或保鲜袋中即可。此外，也可以在装有豆类的塑料袋或容器内喷少许白酒，或放入几瓣大蒜。

鸡蛋的保存技巧

鸡蛋的摆放要大头向上直立码放，不要横放，也不要倒放。用水洗过的鸡蛋不宜保存，因为鸡蛋表面的胶状物质被洗掉后，细菌很容易从蛋壳上的小孔乘虚而入，使鸡蛋变质。若需放入冰箱保存，注意不要直接暴露在冰箱里，因为蛋壳表面携带了许多污染物，容易污染冰箱里的其他食物。

花生仁的存放方法

花生仁若保存不当，不仅会受潮而影响口感，而且还容易变质、生虫，所以保存前要先进行干燥处理，将其在常温下晒干，然后装入密封食品袋中，存放在干燥而且通风的地方。用平时喝完饮料后遗弃的瓶子来代替塑料袋也是一种很好的储存容器。

🐾 精盐清洁木质砧板

1 将精盐均匀撒在木质砧板上。

2 用刷子顺着木质纹理刷洗。这样做会收到很好的去污效果，同时还能杀菌消毒，让砧板焕然一新。

🐾 清除瓷砖缝里的油污

先喷上清洁剂静置几分钟，再用筷子顶住抹布擦拭缝隙，反复摩擦缝隙部位，便可以彻底清洁。

🐾 塑料砧板的清洁

砧板用过一段时间会留下许多刀痕印迹，并且里面残留大量污垢，可以用抹布盖住砧板，用清洁剂喷湿，静置20分钟后再清洁。

省力、省时的抽油烟机清洁方法

最容易沾染油污的抽油烟机，是清洁难点，及时清洁，才能保持抽油烟机的正常运转。

风扇：在炉子上煮沸一锅热水，将蒸汽水柱对准运作的抽油烟机旋转的扇叶，高热水蒸气不断冲入扇叶等部件，溶解长时间累积的油污。然后在风扇上喷清洁剂，污水会循着油抽入集油杯里。再在风扇上喷上清水，排除残留的清洁剂。

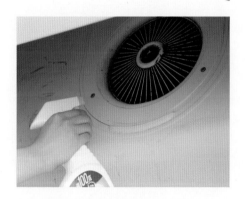

机体：如果拿着清洁剂直接对机体喷，附着力会不佳，很容易滴下来，可以先将纸巾润湿，然后再在上面喷上清洁剂，待油污溶解后，再擦拭干净。

集油杯清理：集油杯积满了陈年油垢，非常难清理，可借助各种小工具。

将集油杯中的液状油污倒掉，然后用报纸或纸巾将杯内残留的油污擦除干净。

集油杯底部及边缘的油污，可以用一次性筷子包上纸巾或抹布来辅助清洁。

再将集油杯放入塑料袋中，喷上清洁剂，待油污溶解后取出，用牙刷刷干净，并用水洗净。

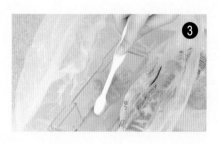

🐾 省力、省时的燃气灶清洁方法

很容易在烹饪时沾染油腻等杂物的煤气灶，清洁要注重细节，否则会影响正常的使用。

厨房的炉灶架可以用旧塑胶卡来抠除细缝里的污渍，或用牙刷蘸上酒精轻轻刷，这样就可以保持瓷砖接缝处的清洁了。

炉嘴处先用钢丝球或硬刷将表面较硬的污物刷除，然后用铁丝或别针等细长物，清除堵塞的垢屑，避免堵住炉嘴。

煤气炉的炉身上，经常有一些干硬的油污，可以先用塑料卡片将污垢刮掉，然后喷上清洁剂，用海绵刷（牙刷、包筷子的抹布）清洗干净。还可以直接用橘子皮来擦拭。

清洁煤气炉开关，将纸巾用清洁剂湿润，敷在开关把手上，待油污分解后再擦拭干净。

🐾 巧除厨房的腥臭味

食物垃圾搁置时间一长，就会散发出腥臭味。即使扔掉垃圾，也难以去除。

将稀释后的酒精溶液倒进喷雾器里，喷洒在垃圾桶里，还可以喷洒在厨房的各个角落里，这样能够较好地除去臭味。

🐾巧除微波炉的异味

微波炉在烹饪过水产品或气味较浓厚的韭菜等食品后,炉腔内往往会留下异味。

1 用玻璃杯或碗盛上少许清水,再加入少许柠檬汁或醋,将玻璃杯或碗放入微波炉,用大火煮至沸腾。待玻璃杯中的水稍冷却后,将杯子取出,然后用湿毛巾擦抹炉腔四壁,吸除水分,即可清除异味。

2 用微波炉制作爆米花时,常会因为爆煳,使微波炉里残留焦煳味,这时,可以用微波炉专用碗盛半碗清水,加入几小匙果汁,然后放入微波炉中加热5分钟。加热完毕后,不要急着打开门,再等15分钟左右,待果汁的香味弥漫整个微波炉后再取出,打开微波炉门保持通风,使焦煳味慢慢散去。

🐾防冰箱串味的妙法

冰箱使用一段时间后,不可避免会产生异味,以下几种办法既环保又简单有效。

1 无论生、熟,放入冰箱的食物应分装在食品保鲜盒等带盖的容器内存放。

2 鱼肉等带腥味的食物,应当清洗干净、抹干后,装入食品袋内,系紧袋口,然后放入冰箱内保存,以防止食物串味,也能防止食物水分的蒸发。

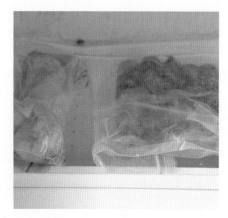

图书在版编目（CIP）数据

第一厨娘拿手菜 / 孙晓鹏著. -- 长春 ：吉林科学
技术出版社，2013.12
ISBN 978-7-5384-7319-3

Ⅰ．①第… Ⅱ．①孙… Ⅲ．①菜谱－中国 Ⅳ.
①TS972.182

中国版本图书馆CIP数据核字(2013)第308386号

广告许可证号　2200004000048

第一厨娘拿手菜

DI YI CHU NIANG NA SHOU CAI

著　孙晓鹏
出 版 人　李　梁
策划责任编辑　隋云平
执行责任编辑　马艺轩
封面设计　南关区涂图设计工作室
技术插图　南关区涂图设计工作室
开　本　710mm×1000mm　1/16
字　数　230千字
印　张　13
印　数　1-10 000册
版　次　2014年3月第1版
印　次　2014年3月第1次印刷

出　版　吉林科学技术出版社
发　行　吉林科学技术出版社
地　址　长春市人民大街4646号
邮　编　130021
发行部电话/传真　0431-85677817　85635177　85651759
　　　　　　　　　　85651628　85600611　85670016

储运部电话　0431-86059116
编辑部电话　0431-85659498
网　址　www.jlstp.net
印　刷　延边新华印刷有限公司

书　号　ISBN 978-7-5384-7319-3
定　价　35.00元